건축,

음악처럼 듣고 미술처럼 보다

건축,
음악처럼 듣고 미술처럼 보다

서현 지음

효형출판

책을 내면서

건축은 쉽다.

건물을 만드는 것은 어려울지라도 보는 것은 쉽다. 건축을 전
공하지 않는 주위의 친구들에게 이런저런 건축적 사실들을 풀
어 설명하는 잡문에서 이 글은 시작되었다. 점점 많은 사람에
게 이야기를 하면 할수록 놀랍도록 날카로운 시각과 호기심을
가진 이들과 마주칠 수 있었다. 그들은 건축을 알고 싶어 했다.
음악과 미술의 이해는 열린 감수성을 필요로 한다는 점에서 같
다. 항상 주관적인 단어들로 표현되던 감상이라는 영역에도 객
관적으로 설명이 가능한 부분은 분명 있다고 나는 믿는다. 좋
은 음악과 미술의 밑에 깔린 공통분모를 끄집어 설명할 수 있
을 것이라고 생각한다. 건축도 그렇다. 그래서 제대로 글을 쓰
기 시작했다. 아무도 하지 않는다면 나라도 해야겠다고.

나는 그때 미국 코네티컷 주 하트퍼드Hartford에 있었다. 그
곳의 스튜디오에서 이 작업을 시작하였다. 10년 넘게 밀쳐두

었던 원고들도 챙기기 시작했다. 남들이 정상적이라고 이야기
하는 인생의 많은 부분을 유보하면서 틈틈이 원고를 모아나갔
다. '한탄할 그 무엇이 두려워' 과연 나는 여기 남아 있는 것일
까 하는 회의도 분명 있었다.

작업이 한 고비를 넘었을 때 나는 귀국하였다. 다행히, 혹
은 불행히 한국의 건축은 그간 별로 달라져 있지 않았다. 설계
라는 본업의 틈을 쪼개어 진행한 2년여의 후속 작업도 이제 마
무리를 하게 되었다. 잘하지 못하겠으면 열심히라도 하라는 이
야기들도 한다. 잘하는 이들이 들였을 것보다 시간은 공연히
많이 소요되었다.

이 책에는 주석이 없다. 참고문헌도 없다. 인용이 있다 해
도 우리가 모두 알고 있는 내용들이다. 글쓴이가 지닌 독서량
의 한계 탓이라고도 할 수 있다. 그러나 나는 단호히 이야기한
다. 나는 내가 보고, 내가 생각한 대로 썼다고.

간장독 덮개 같기만 하던 원고가 이렇게 묶여 나오는 데
는 많은 분의 도움이 있었다. 그간 옆에서 격려와 질타를 보내
던 친구들은 애써 불러내지 않는다. 그러나 송영만 사장님을
비롯한 효형출판 식구들의 헌신적인 도움은 언급해야겠다. 특
히 송승호 씨에게는 10여 년 전의 그 순간부터 마지막 순간까
지 나의 원고를 빠짐없이 읽고 챙겨준 꼼꼼함과 관심에 감사를
드린다. 그간에 있었던 긴 여행, 짧은 여행을 항상 기꺼이 함께
해준 희선에게도 감사의 뜻을 이제야 전한다.

많은 이의 도움에도 불구하고 이 책은 무수한 허물을 가
지고 있겠다. 그 허물은 모두 나의 몫이다. 그러나 이에 대한 건
축 선배들의 질타는 별로 두렵지 않다. 다만 후배들은 두렵다.
그들의 맑은 눈앞에 비춰질 모습은 정녕 두렵다.

아무리 허물이 많다 하더라도 분명 가치 있는 부분이 있
으리라는 믿음은 한구석에 남아 있다. 그 부분은 모두 충우의

몫으로 돌린다. 좋은 친구는 훌륭한 선생님보다 가치 있다. 고단하기만 하던 인생의 짐을 내려놓고 저만치 앞서 간 충우, 함께하였던 시절의 기쁨과 슬픔을 모두 아득한 기억으로만 묻어 놓고 간 충우에게 뒤늦게 이 책을 바친다.

1998년 7월

서 현

재개정판을 내면서

이 책이 세상에 나온 지 15년이 지났다. 중간에 개정판을 낸 뒤로도 10년이 지났다. 이제 재개정판을 내는 이유는 개정판을 냈을 때의 이유와 다르지 않다. 그 사이에 도시가 바뀐 것이다. 어떤 건물은 이름이 달라졌고, 어떤 건물은 용도가 바뀌었다. 책에 소개되었으나 철거된 건물도 있었고 당연히 중요한 새 건물도 지어졌다. 그러니 이를 설명하는 책도 달라져야 한다는 요구 역시 당연했다.

그 요구는 영광스런 꽃다발이다. 잊히지 않고 꾸준히 읽히는 책이라는 이야기였다. 과분한 칭찬도 있었다. 건축을 전공하는 학생들은 모두 읽는 책이 되었다고도 했다. 이제는 건축의 고전 반열에 올랐다고도 했다. 찬사는 꼭 그만큼을 더 요구하는 부담으로 얹힌다.

사실 재개정판을 내야 하는 이유는 내가 만든 것이기도 했다. 이 책을 처음 낼 때 나는, 내가 세상에서 써야 할 책을 두 권으로 가늠하고 있었다. 그 사이에 나머지 책 『건축을 묻다』

도 이미 출간하였다. 그러나 내 이력서에는 여섯 권의 책이 올라가 있으니 분명 세상일은 앞을 알 수 없는 모양이다. 그 책들의 내용 중에는 이야기가 겹치는 부분도 생겼다. 내가 수업 시간에 학생들에게 중언부언하지 말라고 다그치고 있으니 우선 나부터 이야기를 정리해야 할 일이었다.

여전히 나는 내가 하는 일의 가치를 다른 이들에게 설명하고자 한다. 이 도시에 흔적을 남기는 작업이 호락호락한 것일 수 없다. 어떻게 세상이 이처럼 팽팽하게 유지되는지 나는 건축가의 입장에서 설명하고 싶을 따름이다. 그 설명을 들어준 독자들에게 감사하고 또 그 사실이 영광스럽다. 이 재개정판은 그 영광에 대한 감사의 표현이다.

2014년 3월

서현

차례

과연 무엇을 볼까

짓는 이의 마음

건물의 코에 생기를 불어넣다

건물과 도시를 누가 만드는가

건물을 보니

읽고 나서 읽어두기

시작하는 말

"저 건물은 멋있는 겁니까?"

건축을 하는 이들은 이런 질문을 가끔 받는다. 이 책은 이런 질
문에 대답하기 위해 쓴 것이다.

가늠하기 어려운 옛날부터 사람들은 집을 지어왔다. 단지
비와 눈을 피할 만한 곳, 조금이라도 넓게 누울 만한 공간을 만
들기 위해 집을 짓던 때가 있었을 것이다. 그것이 목적의 전부
인 때가 분명 있었을 것이다. 그러나 우리 주위의 건물들이 아
직도 그런 의미만을 가지고 있다고 믿기는 어렵다. 그 긴 세월
동안 건물을 만들어온 집단, 건축가들이 오늘도 그런 생각만으
로 집을 지으리라고 생각하는 것은 분명 무리가 있다.

현대 건축에 대한 비판은 많다. 성냥갑 같은 건물들을 짓
느니, 회색 콘크리트 숲을 만드느니 하는 것이 대표적이다. 기
와집을 그리워하는 이들도 많다. 건물이 만들어지는 과정은 냉
정할 정도로 현실적이다. 그림을 그리거나 음악을 연주하는 것
과는 비교가 되지 않을 정도로 현실적이다. 실로 엄청난 양의

물리적 자원과 수많은 사람들 그리고 그들의 사회적 이해관계
가 연관되어 진행되는 작업인 것이다.

　그러나 많은 건축가는 이런 구체적 현실을 뛰어넘어 존재
하는 건축의 의미가 분명 있다고 믿는다. 바로 이 때문에 건축
가들은 현대 사회의 어느 구성원들보다도 적극적으로 자신들
이 속한 사회를 분석한다. 그리고 그 사회의 역동성에 맞는 건
축적 답을 찾기 위해 노력한다. 그런 점에서 건물은 건축가들
이 사회를 대상으로 늘어놓는 또 다른 형식의 이야기라고 할
수 있다. 잘 들리지 않는 그 이야기를 활자로 풀어서 해설하는
것이 바로 이 책의 내용이다.

　우리는 말을 하고 알아듣기 위해서 조합 가능한 모든 문
장을 외지는 않는다. 기본이 되는 언어 구조를 파악하고 거기
동원되는 어휘를 이해하면 우리는 설령 그 조합이 생전 처음
보는 것이라도 말을 알아들을 수 있다. 이런 의미에서 언어생

활은 창조적 사고를 필요로 한다. 건축가들의 건축적 이야기를 이해하는 데 가장 필요한 것도 바로 이것이다. 창조적 사고를 통해 건물을 들여다보면서 우리는 건축가와 묵언默言의 대화를 시작하게 되는 것이다.

어휘의 이해는 의사소통의 가장 기초가 되는 부분이다. 음악을 이해하기 위해서는 음악가들이 음악에서 구사하는 어휘를 이해해야 한다. 그 어휘는 음의 높낮이, 음색이라든지 구조, 형식 등이 될 것이다. 그리 중요하지는 않아도 지휘자의 현란한 몸짓이나 현악기 주자들의 일사불란한 활 움직임 등도 한 부분이 될 수 있겠다. 우리는 음악에 대해 더 많이 알게 될수록 더 많은 부분을 음미할 수 있다.

건축도 마찬가지다. 건물을 감상하기 위해 건축가를 불러 앉혀놓고 무슨 생각으로 그런 건물을 설계하였는지 조목조목 들어야 할 필요는 없다. 그러나 건축가들이 다루는 어휘를 이해하면 건축을 훨씬 더 심도 있게 음미할 수 있다는 점은 틀림

없다. 물론 그 어휘들이 우리의 허튼 언어를 통해 모두 해설될 수는 없다. 그러나 해설을 통해서 이해될 수 있는 부분은 구석구석에 분명히 존재할 것이다.

언어의 의미가 의사 전달에 있다면 그 언어는 이성적이고 합리적이어야 한다. 해설이라는 의도 때문에 이 책에서는 건축의 물리적인 내용이 강조되어 있을 수도 있다. 그러나 건축가들은 그 어휘로 시를 쓰고 싶어 한다. 다만 그 시가 오히려 언어로 해설되기 어렵다는 한계 때문에 이 책의 표면에 넓게 드러나지 못한다는 점은 주지되어야 하겠다.

감상은 정확한 눈을 필요로 한다. 이 정확한 눈은 적극적인 관심에 의해 갖추어진다. 정확한 귀와 판단 기준을 가지고 있어야 귀명창이라는 소리를 들을 수 있다. 트로트의 구성진 멜로디만 머릿속에 새겨서는 랩 음악을 들을 수 없다. 김치찌개의 혹독한 맛은 피자 맛과는 좀 다른 음미 기준을 요구한다.

어느 식당의 김치찌개가 맛있는지를 옆 사람에게 묻지 않고 이
야기할 수 있기 위해서는 우선 김치찌개를 많이 먹어보아야 한
다. 그리하여 그 맛의 기대 수준이 설정되어 있어야 한다.

우리가 건물을 보고 좋다, 혹은 그렇지 않다고 이야기할
수 있기 위해서도 우리의 머릿속에 판단 기준이 들어 있어야
한다. 그 기준은 많은 건물을 주의 깊게 들여다봄으로써 길러
질 것이다. 꼼꼼히 들여다보는 작업의 단초를 제공하기 위하여
이 책을 쓴 것이다.

이 책에서는 우리가 주위에서 낯익게 보아온 건물들이 주
된 예로 거론될 것이다. 건축을 음미하는 가장 훌륭한 방법은
실제로 건물을 보고, 그 속을 거닐어보는 것이다. 그런 맥락에
서 이 책에서는 '현대의 한국'이라는 시간과 공간의 테두리를
설정하였다. 우리가 생활하는 공간의 대부분을 구성하고 있는
건물들은 현대에 세워진 것들이다. 이를 파악하기 위해서는 과

거의 건물을 이해할 때와는 다른 시각이 요구된다. 이 책에서 현대 이전에 세워진 몇몇 가치 있는 건물들이 언급되기는 할 것이다. 그러나 이야기의 초점은 여전히 오늘에 맞춰져 있다.

　해외여행이 널리 퍼지면서 외국의 훌륭한 건물을 구경할 기회도 더욱 많아졌다. 그러나 그 훌륭한 건물들을 이 책에서는 되도록 거론하지 않았다. 우리의 문화는 분명히 다르다. 그 문화를 만들어내는 사회적 추동력이 분명히 다르기 때문이다.

　다만 미술 해설을 진행할 때 모네나 피카소의 이름도 가끔 거론해야 하듯 한국 건축가들의 사고에 영향을 미친 몇몇 서양 건축가들의 이름은 언급하였다. 아울러 중앙 집중화가 심한 현실에 의해 부득이 서울에 있는 건물이 많이 나오는 점도 짚어야겠다.

　거리에 나서면 우리는 무수히 많은 건물과 마주친다. 우리 주위의 모든 건물이 우리 주위에 존재한다는 이유만으로 음미할 만한 가치를 지녔다고 단언할 수는 없다. 오로지 건축사

建築史에 등장할 만한 건물들로만 이루어진 도시는 없다. 좋은 건물을 만드는 것은 분명 어려운 일이다. 그런 만큼 무신경한 건물 숲 속에서 좋은 건물을 찾아내는 것도 만만치 않은 일이다. 그러나 좋은 건물을 적극적으로 찾아내려는 사람들이 바로 건축이라는 문화의 퇴적층을 이룬다. 그런 이들이 많아질수록 우리의 도시는 더욱 아름다운 건물들로 채워질 수 있다. 그래야만 다음 세대들에게 그 거리를 자랑스럽게 물려줄 수 있다.

앞서 이야기한 대로 건물이 만들어지는 과정은 우리 사회의 모든 속성이 적나라하게 드러나는 현실 그 자체다. 그러나 건축가들이 이 현실적 도구를 통하여 만들어내려는 결과치들은 벽돌과 콘크리트로 된 구조물이 아니다. 건축가들이 진정으로 가치를 부여하는 부분은 그 너머에 있다. 건축이 인간의 정신을 담는 그릇을 만드는 작업임을 알리기 위하여 이 책을 쓴다. 건축은 벽돌과 콘크리트가 아니라 인간의 정신으로 이루어진다는 것이 이 책에서 이야기할 결론이다.

베레쉬트.
인류에게 가장 널리 알려져 있다고 하는 책,
성서는 이렇게 시작한다.

과연
무엇을
볼까

나는
못을 집었다

매일 텔레비전 속에서 손톱만 한 선수들이 뛰어다니는 걸 들여다보는 것만으로는 축구를 제대로 이해할 수 없다. 가끔 축구장에 갔다가 목이 쉬어 돌아오기도 해야 한다. 내친김에 조기축구회에 등록을 해서 아침마다 공을 따라다니다 회사에서 팍팍한 다리를 주무르며 앉아 있기도 해야 한다. 그림을 이해하는 것도 그리 다르지 않다. 전화번호부만 한 서양 미술사 책을 머리말부터 꼼꼼히 읽어나가는 것도 야심과 성실함으로는 칭찬받을 만한 일이다. 그러나 이보다는 전문가의 간단한 해설을 듣고 자신이 직접 그려보는 것이 그림에 더 쉽게 접근하는 길이다. 붓을 쥔 이의 애환을 그제야 공유할 수 있는 것이다.

그러나 건축은 이야기가 좀 다르다. 건축을 이해하겠다는 의지로 실제로 건물을 지어보자고 나설 수는 없는 일이다. 우리가 할 수 있는 일은 건축가가 된 듯 가정하는 것이다. 이 책에서는 바로 그 가정에 따라 이야기가 전개될 것이다. 이제 건축가가 건물을 만드는 과정을 짚어보자. 공간에 관한 몇 가지 관찰과 연습부터 시작해야 한다. 상상력을 동원하자.

그림을 걸려면

베레쉬트Bereshith(태초에). 성서의 히브리어 원본은 이렇게 시작한다. 빛의 창조. 그리고 공간의 창조. 이것은 태초의 조물주뿐 아니라 현대의 건축가들에게도 흥미로운 주제. 태초의 창조는 빛과 어둠을 구획하는 것이었다. 구획은 창조라고 하는 행위의 기초를 이룬다. 현대의 건축가들은 건축의 화두가 공간의 창조라고들 이야기한다. 공간의 창조 역시 구획에서 시작한다.

창조라는 작업은 좀 거창하게 들리므로 그냥 '디자인'이라고 불러도 좋다. 세상이 창조되었다고 하는 말이 암시하듯 우리 주위는 디자인으로 가득 차 있다. 사실 우리는 모두 디자이너들이다. 백화점에 가서 옷을 고르는 것은 자기의 외관을 디자인하는 것이다. 여자들이 시간을 들여 화장을 하는 것도 디자인이라고 할 수 있다. 꽃병에 꽃을 꽂고 방에 벽지를 새로 바르는 것 역시 디자인이다. 우리 일상생활에서 가장 쉽게 찾아볼 수 있는 공간 디자인은 벽에 그림을 거는 것이다. 뭐 꼭 그림이 아니라 달력이라도 좋다.

새집에 이사를 가면 우선 가구를 배치하고 옛날 집에 걸어두었던 그림을 옮겨 건다. 그러나 그림을 걸기 전에 결정해야 할 일이 있다. 그림의 위치를 잡는 일이다. 아무리 감수성이 무딘 사람도 새로 도배를 하고 이사 간 집에서 못과 망치를 집어 들고 뚜벅뚜벅 벽으로 걸어가 손이 닿는 아무 곳에나 쿵쿵 못질을 하지는 않는다. 물론 정도의 차이는 있다. 그냥 무덤덤하게 '저기쯤' 하며 비교적 쉽게 결정을 내리는 사람도 있다. 그림을 이리저리 대보면서 심각한 듯 고민하는 사람들도 있다. 머릿속으로 이리저리 벽을 재단하면서 앞으로 갔다 뒤로 갔다를 몇 번 되풀이할 것이다. 때로는 옆에 서 있는 사람에게 몇 번이나 물어본 후에야 못질을 시작할 것이다.

이렇게 한 손에 못을 들고 다른 한 손에 망치를 들고 벽 어딘가에 있는 적당한 지점을 찾아 텅 빈 벽을 쏘아보는 것에서 디자인은 시작된다. 벽을 흰 종이라고 가정하면 이 위에 점을 하나 찍는 것으로 생각하면 될 것이다. 못 끝을 갖다 댈 그 점. 점을 찍으려 할 때 좀 꼼꼼한 사람들은 구체적으로 어떤 펜을 들고 점을 찍을까 하는 문제도 짚고 넘어가려고 할지 모른다. 그러나 점에는 크기가 없고 위치만 존재한다는, 수학적으로는 중요할지 모르나 일상생활에서는 그다지 쓸모없는 공리를 받아들이고 점을 찍어보자.

가장 먼저 생각할 수 있는 위치는 한가운데. 물론 여기서 말하는 '한가운데'는 자를 대고 정확히 상하좌우의 여백을 맞추어 찾아낸 가운데가 아니다. '가운데쯤'인 것으로 보이는 지점을 의미한다. 점을 한가운데 찍는 것은 일견 가장 손쉬운 선택이기도 하고, 그런 의미에서 가장 보수적인 선택이기도 하다. 점을 가운데에 찍지 않겠다고 생각하면 문제는 복잡해진

다. 넓은 평면 위에서 한가운데는 한 곳일 수밖에 없지만 한가운데가 아닌 곳은 엄청나게 많기 때문이다.

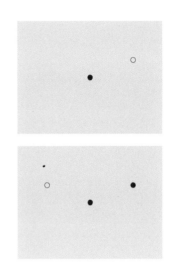

평면의 어느 부분에든 점이 찍히면 평면은 바로 이 점에 의해 지배된다. 우리의 공간 지각은 이 점을 중심으로 활동하게 되는 것이다. 점을 하나 더 찍으려고 하면 이미 위치를 확보한 점이 얼마나 확실하게 공간을 통제하고 있는지 깨닫게 된다. 특히 먼저 찍힌 점이 공간의 한가운데 자리를 잡고 있는 경우에는 점을 추가하기가 좀 거북살스럽다. 대칭으로 분할된 공간은 한쪽에 변화가 생기면 다른 쪽에서도 변화를 요구하기 때문이다. 오른쪽에 점을 하나 찍으면 왼쪽에도 덩달아 하나를 찍어야 배치가 마무리된 느낌이 드는 것이다.

디자인이 대칭으로 흐르기 시작하면 내용은 이처럼 경직되기 쉽다. 이것이 현대의 디자이너들이 대칭을 달갑잖게 여기는 큰 이유다. 대체로 좌우 대칭은 그렇지 않은 것보다 더 안정적이고 보수적이다. 권위적이라고 이야기되는 경우도 있다. 과거의 디자인에 좌우 대칭이 지금보다 더 많이 사용되어왔던 것을 사회적으로 팽배한 권위 의식의 표현으로 해석하는 이들도 있다.

벽에는 뭐가 있나

건축가들이 건물을 설계하면서 하는 일 가운데 벽에 그림을 거는 일과 가장 흡사한 것은 무얼까. 창을 내는 일이다. 아름다운 풍경화를 벽에 거는 것과 경치가 좋은 쪽으로 창을 내는 것은

사실 흡사한 작업으로 볼 수 있다. 벽에 창을 내는 작업은 못을 박고 그림을 거는 것보다 변수가 많은 일이다. 창은 그림보다 훨씬 복잡한 존재인 것이다.

창은 빛을 실내로 들여오기도 하고 환기를 돕기도 한다. 창으로는 시원한 바람도 들어오고 동네의 잡다한 소음도 들어온다. 때로는 성가신 벌레들이 날아들기도 한다. 창은 밖의 경치를 보여주면서 내부 공간의 분위기와 집의 품위를 바꾸기도 한다. 우리로 하여금 그리움과 아쉬움에 가슴 조이는 몇 줄 엽서를 쓰도록 우체국 창밖으로 에메랄드빛 하늘을 보여주기도 한다.

눈은 마음의 창이라는 말들을 많이 한다. 뒤집으면 창은 건물의 눈이라는 이야기가 될 수도 있다. 이 은유처럼 외부에서 보았을 때 창의 위치는 실내에서 보았을 때 못지않게 건축가에게 중요하다. 그래서 건축가들이 도면을 들여다보고 앉아 있는 시간은 우리가 그림을 걸기 위해 벽 앞에 서 있는 시간보다 훨씬 길다.

벽에는 유리창 외에 또 뭐가 있나 보자. 전기 콘센트, 전화 콘센트, 스위치 등이 눈에 띈다. 이것들은 모두 구체적이고 명쾌한 기능을 가지고 있다. 그래서 건축가가 벽면의 구성이라는 기치 아래 그 위치를 움직이기는 쉽지 않다. 디자인이 개입될 여지가 많지 않은 것이다.

그러나 그 위치들이 조정되어야 할 경우가 생긴다. 미술관은 그림이 걸리고 조각이 놓이는 곳이다. 그 벽에서 그림과 전기 콘센트가 같은 대접을 받으면서 자리를 잡고 있을 수는 없는 일이다. 그림을 위해서 벽면은 당연히 무성격한 배경으로 물러나야 한다. 그래서 기능상 다소 불편하다 하더라도 전기 단말기들은 눈에 잘 띄지 않는 곳에 숨기게 된다. 미술관에 가면 그림 말고 배경의 벽에 한번 눈길을 주어보자. 잘 살펴보면 밋밋한 벽면을 만들기 위한 건축가들의 아이디어를 찾아볼 수 있다.

방에는 뭐가 있나

우리의 전통적인 생활 방식은 방을 특정한 기능의 공간으로 규정하지 않았다. 이불을 깔면 잠자는 공간이 되고 밥상을 들여오면 밥 먹는 공간이 되었다. 낮은 책상을 놓고 앉으면 공부하는 공간이 되었다. 온돌 난방이라는 건축 장치가 가능하게 해준 생활 방식이었다.

지금도 우리의 주택 난방 방식은 온돌 난방으로 전국이 통일되어 있다. 아무리 서양식 생활 방식을 들여온다고 해도 난방만은 온돌 난방으로 유지되고 있다. 온돌 난방은 대안이 없을 정도로 탁월한 방식이기도 하다.

그러나 난방 방식과 달리 생활 방식은 많이 바뀌었다. 침실과 주방, 식당이 분화되기 시작한 것이다. 바닥에 난방을 하면서도 침대를 들여와 그 위에서 잠을 자기 시작했다. 그 방에는 침실이라는 이름이 붙었다. 식탁이 놓이면 식당이 되었다. 자녀들이 쓰는 방에는 침대, 책상, 옷장 정도가 일반적으로 배치된다. 생활에 필요한 도구를 바꿔가며 공간을 사용하는 것이 아니고 가구에 따라 사람들이 공간을 옮겨 다니게 된 것이다.

　이사를 가서 방에 가구를 배치하는 일은 몸과 머리를 함께 쓰게 한다. 업보처럼 무겁기만 한 가구들은 한번 들여놓으면 옮기기도 쉽지 않기 때문이다. 그러나 아무리 독창적인 사고를 발휘하려고 해도 가구 배치는 쉽지 않다. 건축가가 설정해놓은 장치들에 의해 규제가 되는 것이다. 그 장치는 문과 창이다. 때에 따라 전기 콘센트의 위치가 가구가 놓일 위치를 결정하기도 한다.

　건축가들은 방을 만들 때 일반적인 가구의 배치를 염두에 둬가면서 문과 창을 낸다. 그러나 건축가들이 문과 창의 위치를 정할 때 가구의 배치 가능성만 고려하지는 않는다. 문과 창이 연결하는 외부 공간과의 관계도 가구 배치만큼 중요하기 때문이다.

　가구를 배치하는 과정은 벽에 그림을 거는 것보다 훨씬 더 건축적인 작업이다. 가구 배치는 건물 사용자의 생활을 규정하는 공간적 장치가 되기 때문이다. 그런 만큼 가구 배치는 사용자의 생활 방식, 공간적 상상력을 모두 보여주는 중요한 단서가 되기도 한다. 건축적 실험의 가능성은 우리 가까이에 있고 또 어디에나 있다.

동네에는 뭐가 있나

평면의 크기를 키워보자. 이 평면이 벽이나 방이 아니라 우리들이 사는 동네라고 생각하자. 그러면 좀 더 덩치가 크고 다양한 면모를 갖는 것들이 점의 역할을 하게 된다. 공간 지각을 연구하는 이들에 의하면 어떤 동네가 우리에게 친근한지 그렇지 않은지를 파악할 수 있는 첫 번째 잣대는 동네 지도를 머릿속에 그려낼 수 있는가 하는 것이다. 머릿속에서 개략적으로나마 지도를 그릴 수 없는 동네를 우리는 절대로 친근하다고 하지 않는다. 어디가 어딘지 모르겠다고 투덜거릴 따름이다.

동네 지도를 그리기 위해 우리는 우선 인지도가 높은 몇몇 기준점을 잡는다. 그리고 거기서부터 길을 더듬어나가게 된다. 옛날엔 우물터나 성황당이 그런 역할을 하였다. 요즘의 아파트 단지라면 속셈 학원과 중국 음식점 등이 있는 상가나 관리 사무소와 같은 것들이 어김없이 기준점 역할을 할 것이다. 어린아이들에게 동네를 그려보라고 하면 이런 기준점들을 중심으로 그림을 그려나가는 것을 곧 발견할 수 있다.

기준점의 성격은 마을 전체의 성격까지 규정하고 반영하므로 더욱 중요하다. 그 동네가 건축적으로 건강하다고 인정받기 위해서는 이런 좌표 점들이 시각적인 중심에 머물지 않고 행동의 중심지 역할도 해야 한다. 이미 사라진 동네 우물가, 빨래터는 온갖 잡다한 소문이 모이고 흩어지는 곳이라는 점에서 시각과 행동의 중심지였다. 박태원의 소설 『천변풍경川邊風景』은 1930년대의 청계천변 빨래터가 그 동네 아낙들에게 얼마나 중요한 모임 장소였는지를 실감나게 보여준다.

『천변풍경』의 무대였던 빨래터와 수유
동의 어느 이정표. 귀돌 어멈이 기운차
게 두드리던 빨래 방망이 소리는 사라
지고 활자만 남았다.

정이월에 대독 터진다는 말이 있다. 딴은, 간간이 부는 천변 바람이 제법 쌀쌀하기는 하다. 그래도 이곳, 빨래터에는, 대낮에 볕도 잘 들어, 물속에 잠근 빨래꾼들의 손도 과히들 시렵지는 않은 모양이다.

"아아니, 요새, 웬 비웃이 그리 비싸우?"(비웃 : 청어)

이처럼 생활필수품의 가격 인상은 일간 신문의 독자 투고란이나 인터넷 홈페이지 게시판이 아닌 빨래터에서 구전으로 성토되었다. 그러나 이제 빨래터는 사라졌다. 공동체라는 개념의 구속력도 그만큼 느슨해졌다. 우리 생활에서 이웃이라는 개념은 지리적 인근 관계보다는 경제적, 문화적 동질성에 의해 규정되는 경우가 많아졌다. 동네에서 집단 교류라고 할 만한 사건들도 거의 사라졌다. 그리하여 동네의 좌표 점은 그냥 물리적 좌표로 남아 있는 예들이 점점 많아지고 있다. 법규의 강제에 의해 마지못해 만들어지는 아파트 단지의 노인정, 어린이 놀이터들이 이런 테두리에 들어간다.

도시에는 뭐가 있나

이야기는 도시라는 평면으로 확대되었다. 도시 내의 점이 되기 위해서는 우선 키가 커야 한다. 이는 멀리서도 보여야 한다는 덕목을 만족시키기 위한 필요조건이다. 덩치가 큰 구조물들은 점보다는 기둥이라고 지칭하는 것이 더 낫겠다. 남산의 N서울 타워는 한동안 독보적으로 서울의 기둥 역할을 해왔다. N서울 타워에 한번 올라가봐야 서울 나들이가 완결되는 것이다. 고층 건물이 점점 많이 세워지면서 서울이라는 평면에서 기둥으로 인정될 만한 것들도 더 많아졌다. 부산이라면 용두산 공원의 부산타워가 이 역할을 해준다.

이런 구조물들은 모두 도시 내의 지리적 좌표를 설정하는 중요한 존재들이다. 도시의 기둥들은 처음 이사 온 사람들이 머릿속에 지도를 새겨 넣을 때 좌표 점 역할을 한다는 점에서 그리고 거리를 걷는 사람들로 하여금 자신들이 그 지도 위의 어디쯤에 있는지를 알려준다는 점에서 아주 중요하다.

이들은 또 도시의 경관을 지배하게 된다는 문제 때문에 쉽게 세인의 화제에 오르곤 한다. 도시 평면의 기둥으로서 세계에서 가장 유명한 예는 단연 파리의 에펠탑이다. 파리 구경이 에펠탑에 올라가봐야 마무리되기는 마찬가지다. 에펠탑은 프랑스 혁명 100주년을 기념하는 만국박람회의 이벤트 중 하나로 계획되었다. 세계에서 가장 높은 구조물을 만들겠다는 야심찬 계획이 발표되었을 때 파리 시민들은 양분되어 들끓기 시작했다. 작가 모파상(Guy de Maupassant, 1850~1893), 뒤

평면을 지배하는 기둥.

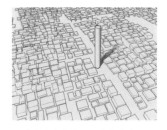

도시의 지리적 좌표 중심이 된 기둥.

왼쪽) 서울의 중심부 전경. 남산 위에 세운 N서울타워는 서울 어디에서나 보이는 시각적 구심점이다.

오른쪽) 파리 시는 몽마르트르 언덕을 제외하면 거의 평지고 세워진 건물들의 키도 고만고만하다. 그러기에 유독 키가 큰 에펠탑의 존재가 부각된다.

마(Alexandre Dumas, 1802~1870) 그리고 작곡가 구노(Charles François Gounod, 1818~1893) 같은 식자층은 한국으로 말하면 '기념탑 건립 저지 투쟁 위원회'에 해당될 만한 집단까지 만들어 이를 반대하였던 듯하다. 그러나 우여곡절 끝에 구스타브 에펠(Alexandre Gustave Eiffel, 1832~1923)의 설계대로 탑은 세워져서 지금은 파리의 상징이 되었고 우아함과 세련됨을 나타내는 표상이 되었다. 이 찬반양론은 도시 내의 기둥이 얼마나 중요한 시민의 관심사가 될 수 있는지를 보여준다.

점이 두 개라면

이제 우여곡절 끝에 점을 하나 더 찍었다고 치자. 평면 위에 점이 두 개가 생기면 이야깃거리가 제법 다양해진다. 가까이 붙은 두 점을 생각하자.

　　가깝다면 얼마나 가까워야 가까운 것일까. 두 개의 점을 기둥으로 생각하면 이야기가 쉬워진다. 두 기둥 사이의 거리는 높이와 함수 관계를 갖고 있다. 두 사람이 마주 보고 있는 경우

를 생각해보자. 두 사람이 얼마나 가까이 있느냐 하는 것은 두
사람이 누워 있는지, 앉아 있는지, 혹은 서 있는지에 따라 달라
진다. 아마 두 사람의 눈높이만큼의 거리가 이를 판단하는 분
기점이라고 보면 크게 문제는 없을 것이다. 물론 이것이 과학
적으로 규명되었다는 이야기는 아직 없다.

　　엘리베이터 안에서처럼 생면부지의 사람들과 가까이 서
있어야 하는 경우에 느끼는 당혹감을 우리는 긴장감이라고 부
른다. 짐짓 모르는 척하고 있어도 옆 사람의 일거수일투족은
바짝 곤두서 있는 우리 더듬이에 고스란히 포착된다. 그 긴장
감은 거리가 가까울수록 더 커진다. 환경 심리를 연구하는 이
들이 영역성이라고 일컫는 것이 바로 이 긴장감을 해소하기 위
하여 확보해야 할 공간의 크기다.

　　영역성은 같이 서 있는 사람과의 친밀도에 따라 크기가
달라지기도 한다. 엘리베이터에 모르는 사람과 타게 되면 둘은
대개 각각 사각형의 대각선 구석을 점유하고 선다. 구내식당에
서 식사를 할 때 모르는 사람이 같은 식탁에 앉게 되면 서로 대

왼쪽) 독립기념관에 자리한 겨레의 탑에서 탑 사이의 거리는 탑 자체의 모양보다 더 중요한 조형 요소다. 탑 사이의 공간으로는 배경이 되는 흑성산의 정봉이 팽팽하게 조준되어 있다.

오른쪽) 마포대교 위에서 본 LG 트윈타워. 이 건물이 유명해지는 바람에 야구단의 이름까지 '쌍둥이'라고 붙여졌다.

각선의 모서리에 앉는 것도 영역을 확보하기 위한 모습이다. 설정되어야 할 영역이 침범되면 긴장감을 느끼는 것이다. 미국 프로야구에서 뚱뚱한 감독들이 심판의 코앞에 얼굴을 들이대고 항의하는 것은 영역성을 침범하여 적개심과 도전 의지를 표현하기 위해서다.

물론 사람 사이에서 이 긴장감이 바람직하다고 이야기하기는 어렵다. 그러나 미술이나 음악에서 긴장감은 훌륭한 작품이 만들어지기 위해서는 빠질 수 없는 덕목이다. 건축에서도 긴장감 없는 건물이 좋은 작품이라는 평을 듣기는 대체로 어렵다.

그렇다 보니 기둥을 두 개 세워야 하는 상황이 되면 디자이너들은 두 기둥의 간격을 아주 가까이 붙여놓곤 한다. 독립기념관 입구에 있는 겨레의 탑을 예로 들어보자. 두 탑의 간격은 키에 비하여 엄청나게 좁다. 사람으로 치면 연인 사이거나, 모르는 사이라면 싸우기 직전에나 설정될 만한 거리다. 이 탑의 디자인에서는 탑의 모양새보다는 두 탑 사이의 거리가 더 중요한 조형 요소다. 만일 두 탑의 간격이 그 키만큼 떨어져 있다면 탑의 모양에서 지금과 같은 긴장감은 느낄 수 없을 것이다.

여의도의 LG 트윈타워를 그만한 크기의 사람이라고 생각해보자. 허리에 살집이 제법 붙은 씨름 선수라고 볼 수도 있다. 금방이라도 샅바를 잡을 듯이 버티고 선 둘 사이의 긴장감을 쉽게 느낄 수 있을 것이다. 우리도 디자인을 하나 해보자. 장승을 세운다고 쳤을 때 천하대장군과 지하여장군 사이의 거리는 어느 정도가 되어야 적당할까.

늘어선 점

여러 개의 점을 나열하는 가장 간단한 방법은 일렬로 죽 늘어놓는 것이다. 늘어선 점들은 선으로 인식된다. 입체적으로 생각한다면 기둥이 일렬로 서 있는 경우가 될 것이다. 이 기둥들은 그리 강하지는 않아도 얼핏 벽의 성격을 갖게 된다. 건축에서 열주列柱라고 부르는 이런 부분들은 벽은 아니되 벽과 비슷하기도 한 애매한 성격을 띤다. 본래 쓰임새가 어정쩡한 것들이 의외로 두루뭉술하게 쓰임새가 많다. 열주도 두 공간을 시

수문장들처럼 늠름하게 늘어선 종묘의
열주. 넘어설 수 없는 성역을 구획하고
또 지키고 있다.

각적으로는 연결하되 최소한의 분리는 필요할 때 심심찮게 동
원되는 도구다.

　　열주를 지닌 건물로 우리 주위에서 가장 널리 알려진 예
는 아마 종묘일 것이다. 종묘는 왕이 제례를 지내던 건물이어
서, 여타 건물과는 비교가 되지 않을 만큼 복잡한 위계와 공간
의 켜를 지니고 있다. 그리고 이 위계, 즉 금지와 허용의 조임과
풀어냄은 공간적인 장치들로 제어되고 있다. 그 공간적 장치들
은 마당의 높이, 바닥의 재료, 담과 열주 등 다양한 모습으로 드
러난다. 특히 시각적으로는 관통이 되어도 좋으나 출입이 통제
되어야 할 부분에는 열주를 두어 그 공간을 구분하고 있다. 왕
손이 아니면 이 열주는 넘어설 수 없는 벽이 된다.

　　세종문화회관에도 열주가 있다. 우리나라에서 가장 넓고
번잡한 도로와 가장 조용하고 집중력이 필요한 공간은 분명 분
리되어야 한다. 추위가 심할수록 옷을 여러 겹 입어야 하는 것
처럼 이 분리는 로비라는 공간 한 겹으로 이루어지기는 어려웠

다. 그래서 건축가는 여기에 계단과 열주를 두어 공간의 켜를 몇 겹 더 만들어 넣었다. 실제로 건물 주위를 거닐어보면 계단을 오르고 열주들을 지나는 순간 공간이 구분되는 것을 쉬 느낄 수 있을 것이다.

왼쪽) 세종문화회관의 열주는 그 뒷면에 외부 공간으로 이루어진 로비를 형성한다.

오른쪽) 사찰에서 만나는 일주문은 그 기둥 몇 개를 통해 이제 사바를 벗어나 극락으로 들어서고 있다고 이야기한다.

늘어선 점과 소점

지구는 둥글다. 아니 둥글다고 한다. 둥근지 네모난지를 만져보아서는 알 길이 없지만 멀리서 본 사람들이 둥글다고 하며 사진까지 들이미니 둥글다고 믿을 수밖에 없다. 지구가 평평하지 않고 둥글어서 골치가 아파진 건 지도를 만드는 사람들이다. 둥근 입체에 붙어 있는 모습을 평면에 옮겨 그리기 위해 만들어진 방법들이 지리책에 등장하는 메르카토르 도법이니 에케르트 도법이니 하는 것들이다. 왜곡이 좀 더 적은 지도를 만들기 위해 고안된 도법들이지만 왜곡이 없는 것은 아직 없다.

3차원 입체를 2차원 평면으로 펼쳐 변화시키는 작업은 쉽

지 않다. 공간을 어떻게 평면에 옮겨 그릴 수 있을까. 투시도법
透視圖法은 우리가 보는 대로 물체와 공간을 그릴 수 있게 만든
과학적 작도법이다. 말은 간단하지만 보이는 대로 대상을 그린
다는 건 만만히 볼 문제가 아니다. 인간이 그림을 그려온 역사
는 동굴 벽화나 암각화를 그리던 시대 이래로 유구하기만 하
다. 그러나 수천 년의 시간 동안 인류는 '보이는 대로'가 아닌
'알고 있는 대로' 대상을 그려왔다. 우리가 대상을 어떻게 보는
지를 깨닫고 이를 평면 위에 제대로 그려 넣기 시작한 것은 유
럽의 르네상스 시대에 이르러서였다.

　　우리의 시각이 어떻게 공간을 보는지를 기하학적으로 해
석해낸 이 투시도법은 이후 회화와 건축 표현에서 절대적인 위
치를 점유해왔다. 회화나 건축을 공부하면 가장 먼저 배우는 것
이 바로 이 투시도법이다. 그림을 그릴 때 원근법이라고 불리는
바로 그것이다. 투시도법의 가장 중요한 원리는 멀리 있는 것은
가까이 있는 것보다 작게 보인다는 것이다. 바꾸어 말하면 평면
에서 평행한 두 선은 아득히 먼 끝에서 한곳에 모이는 것처럼
보인다는 것이다. 간단하기 이를 데 없고 누구나 알고 있을 법
한 사실이기도 하다. 그러나 이를 제대로 배우지 않고도 그림에
적용하여 그릴 수 있는 사람은 많지 않다. 확인해보려면 자신이
앉아 있는 방을 보이는 대로 한번 그려보면 된다.

　　각 변의 길이가 1미터 정도 되는 육면체가 앞에 있다고 치
고 이를 그려보자. 상상이 어려우면 그냥 책상을 그려도 된다.
우리는 대개 각 변을 평행하게 그린다. 알고 있는 대로 그리는

것이다. 이제 실제로 책상을 다시 보자. 각 변이 평행하게 보이지는 않는다. 우리에게서 멀리 있는 변일수록 짧고 좁게 보인다. 물론 여기에는 우리가 한곳에 서서 한쪽만 계속 바라보고 그린다는 가정이 필요하다.

우리가 자동차로 터널 속을 지나가면 벽에 붙은 조명들은 멀리 있는 것일수록 작게 보인다. 그리고 그 조명들은 터널 반대쪽 끝 어딘가 한 점을 향해 있는 것처럼 보인다. 이처럼 평행한 선들이 우리의 시선 끝에서 모이는 점을 소점消點, 혹은 소실점消失點이라고 부른다.

터널 벽의 조명들은 물론 기능적인 요구에 따라 설치되었다. 그러나 이들은 터널을 지나는 자동차의 속도감을 더하는 효과를 주기도 한다. 투시도의 효과, 즉 반복적인 요소들이 한

여수 마래터널. 형광등은 멀리 있을 수록 작아 보이며, 그 소점 끝에 이르러야 비로소 터널을 벗어날 수 있다.

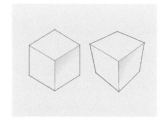

왼쪽 그림은 우리가 '아는' 육면체. 오른쪽 그림은 우리가 '보는' 육면체. 오른쪽 그림에서 같은 방향의 모서리 선을 이으면 먼 어느 곳에서 소점을 형성한다.

위) 문이라고 해야 할지 조각이라고 해
야 할지 망설여지는 평화의 문. 건축가
의 설계답게 열주에 의한 투시도 효과
가 보인다. 평화의 문의 검은 띠도 위로
올라갈수록 가늘어진다. 실제보다 더 높
아 보이기 위해 투시도 효과를 고려한
것이다.

아래) 현대해상화재보험 광화문 사옥.
30년 된 건물을 리노베이션한 건축가는
기존 건물이 너무 뚱뚱하다고 생각했을
것이다. 이에 위로 올라갈수록 수직부재
의 길이가 짧아지도록 하여, 투시도 효
과를 염두에 둔 모습이 보인다.

점을 향해 수렴해가면서 만드는 효과는 속도감이 강조되기 때문에 만화가들도 곧잘 사용하는 기법이다. 그리고 이는 건축가들에게도 매력적인 효과다.

열주도 터널의 조명등처럼 속도감을 가질 수 있다. 우리가 기둥들이 도열해 있는 방향과 평행이 되게 서 있으면 그런 느낌이 든다. 건축가들은 이런 효과를 염두에 두어 사람들이 열주와 평행한 방향으로 움직이게 하기도 한다. 올림픽공원에서는 평화의 문이 있는 방향으로 소점이 생기도록 열주가 배치되었다. 이 공간에서 가장 중요한 구조물이 바로 평화의 문임을 건축가는 강조하고 있다. 걸어가야 할 방향이 그쪽이라고 이야기하는 것이다.

설계한 건물이 어떻게 생겼는지를 다른 사람들에게 보여주기 위하여 건축가들은 모형을 만들기도 하고 투시도를 그리기도 한다. 투시도는 말 그대로 투시도법에 따라서 그리는 그림이다. 흔히들 이야기하는 조감도鳥瞰圖는 투시도의 한 종류로서 새가 하늘을 날아가면서 본 것처럼 그린 그림을 일컫는 말이다. 따라서 거리에서 본 듯이 그린 그림을 조감도라고 부르는 것은 틀린 것이다.

더 많은 점

점이 무작위로 나열되는 경우도 있다. 이런 배열은 대개 자연계에서 많이 찾아볼 수 있다. 하늘의 별이 그렇고 산의 나무가 그렇다. 그러나 건축에서는 신비스러운 결과물을 만들기 위한

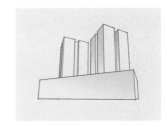

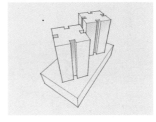

아래에 보이는 그림이 조감도. 이상李箱이 쓴 시 '오감도烏瞰圖'는 건축을 전공한 그의 '조감도'를 잘못 읽은 데서 연유한 것이라고 한다.

아르코 예술극장의 벽에 무작위로 돌출된 벽돌. 저게 무얼 의미할까 하는 호기심들은 구구한 억측을 낳았고 건축가의 사인이라는 이야기까지 돌았다.

의도적인 경우가 아니면 이와 같은 나열은 찾아보기 힘들다. 바둑판처럼 정리된 격자는 누가 뭐래도 건축에서 가장 찾기 쉬운 배열이다.

격자형으로 정돈된 점들은 우선 기능적인 면에서 다른 배열과 비교하기 힘든 경제성을 지닌다. 규칙성, 반복이 가져다주는 물리적 경제성은 그렇지 않은 경우를 생각하면 쉬 비교할 수 있다. 건축가가 만드는 거의 모든 건물의 기둥이 격자형으로 배치되는 데는 이유가 있다. 건축가들의 격자 지향적 사고는 주위의 건물 외관에서도 수없이 발견된다.

격자는 시각적인 경제성도 지닌다. 우리의 시각이 찾는 경제성은 무작위로 나열된 점들을 우리가 알고 있는 구상적인 형태의 틀로 자꾸 치환하여 해석하려 한다는 데서도 나타난다. 고대인들이 밤하늘에 빛나는 무수히 흩뿌려진 별들을 자신들이 알고 있던 구상적인 형태를 가지고 해석하려고 했다는 점 그리고 이 점에서 동양과 서양의 차이가 없다는 것이 바로 그 모습들이다.

점이 나열된 가장 복잡한 모양은 바둑판 위에서 찾을 수 있다. 바둑판 위에 올려놓는 돌 하나하나는 이전의 작업과 이후의 작업을 모두 새롭게 규정해주는 중요한 요소들이다. 바둑의 기보는 겉보기에는 난마亂麻처럼 얽혀 있어도 돌 하나하나는 뚜렷한 존재 의미를 지니고 있다. 그 의미는 독립적인 점 하나에 의해 형성되는 것이 아니고 결국 그 점이 모여서 만들어낸 집합체의 도형과 공간에 있다. 바둑알이 모여서 형성한 공간의 내부는 나의 집이 되고 외부는 상대방의 집이 되는 것이다.

바둑판 위의 집은 건축가가 아니라 기사가 짓는다는 차이는 있다. 그러나 베일 듯 날이 선 직관으로, 치열한 생존의 논리로 무장하고 내·외부 공간을 구획해나가야 한다는 점에서 집을 짓는다는 표현은 섬뜩하게 들어맞는다.

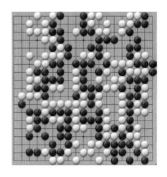

생사존망의 치열한 흔적을 보여주는 기보. 입신의 경지에 이른 이들이 바둑돌이라는 점들을 늘어놓아 만든 집의 모습이다.

꺾임과
굽이침

점 두 개가 생기면 이야기는 이제 선의 문제로 발전한다. 선을 암시하는 가장 소극적인 방법이 점을 두 개 찍는 것이다. 열주의 예에서 이야기한 것처럼 두 점 사이에 좀 더 많은 점을 찍을수록 더욱 강하게 선을 암시할 수 있다. 여기서는 아예 선을 하나 긋는 것부터 시작하자.

선을 긋다

성서 다음으로 많이 팔리고 인용되었다는 에우클레이데스(Eucleides)의 『기하학 원론』을 찾아보자. 이 책의 1권에는 "선의 끝 단은 점이다"라는 정의가 등장한다. 디자이너들이 이 글을 본다면 아마 "선의 끝 단은 큼직한 점이다"라고 내용을 바꿀 것이다. 직선을 바라보는 우리의 시선은 선의 양 끝 부분에 가장 오래 머문다. 건너기 전에 돌다리를 두드려보는 사람처럼, 선

하나를 그리면서도 고민을 해야 하는 시각 디자이너들이 이를 놓칠 리 없다. 이들이 만드는 선을 잘 들여다보면 과연 선에서 양 끝이 얼마나 중요한지를 곧 깨달을 수 있다.

가장 찾기 쉬운 예는 이 책을 이루는 글자들이다. 아무 글자나 선택해서 모양을 자세히 들여다보자. 각 획의 끝이 조금씩 굵게 되어 있는 것을 알 수 있다. 경우에 따라서 선의 끝을 밋밋하게 마무리하는 서체도 없는 것은 아니다. 그러나 적어도 고전적인, 혹은 너무 많이 쓰여 바탕체라고 불리는 서체의 관습은 선의 끝을 강조하는 것이다. 그래야 읽기도 편하다.

한자 서예를 처음 배울 때는 영자팔법永字八法을 기본적으로 접한다. 이 글자를 살펴보면 한자의 획에서도 끝 부분이 얼마나 중요하게 강조되는지를 알 수 있다. 알파벳에서도 마찬가지다. 기본이 되는 서체, 타임스 로만times roman과 같은 고전적인 서체들은 모두 세리프serif를 두고 있어 선의 끝을 강조한다. 세리프가 없다고 해도 선의 끝이 굵어지든지 하여 끝 부분은 강조된다. 선의 생명은 양 끝 점에 달려 있다고 해도 그리 틀린 이야기가 아니다.

굵기와 필력

선의 굵기를 잠시 생각해보자. 선이 막연히 굵다, 가늘다 하는 것은 사실 큰 의미가 없다. 선이 두께를 갖게 되면서 표현되는 강약의 문제가 더 중요하다. 우리는 글씨 자체를 의미심장하게 여기는 문화에서 살아왔다. 메소포타미아 문명기의 쐐기

한석봉의 글씨. 1587년 선조의 왕명을 받아 쓴 단정한 해서체 『천자문』은 이제 동네 문방구점, 지하보도 행상의 좌판에서도 집어 들 수 있을 만큼 한민족 서체의 기본 틀로 자리 잡고 있다.

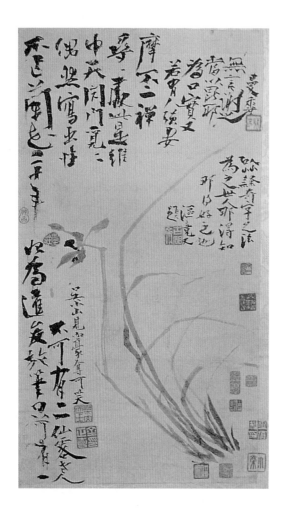

김정희는 뛰쳐나가려는 준마의 고삐를
잡듯이 억제된 필력으로 난을 쳤다. 그
의 붓이 지나간 궤적은 고삐를 잡은 손
에 가득한 힘을 보여준다.

문자가 그렇듯이, 글자의 난독성은 글자를 읽고 쓰는 능력을 갖추는 것이 사회적인 특권을 보장받는 근거가 되게 하였다. 사용하지 않는 언어를 표기하는 문자, 한자는 그만큼 민초들에게는 굳게 닫힌 사회적 자물통이었다. 그리고 이런 점에서 글씨는 신분 상승의 길로 통하는 열쇠였다. 그리고 글씨는 메시지를 전달하는 기능을 뛰어넘어 쓰는 이의 교양과 수련을 보여주는 단면으로 여겨지기도 했다. 글씨는 도道와 예禮였다. 평생 수련을 통해 벼루 열 개를 구멍 내고 붓 천 자루를 몽당붓으로 만들어가며 이르러야 할 완당阮堂의 경지가 있었다.

글의 내용을 뛰어넘어 글씨 자체가 감상의 대상이 되었다. 게다가 글씨를 잘 쓴다는 사실이 때로는 역사 교과서에 이름이 거론되는 바탕이 되기도 하였다. 글씨를 감상하는 데 동원되는 어휘도 다양하고 풍부하였다. 한석봉의 글씨를 보고 "목마른 천리마가 내로 달려가고, 성난 사자가 돌을 치는 형세渴驥奔川 怒猊抉石"라 한 명나라 중기의 문인 왕세정(王世貞, 1526~1590)의 찬사를 서양 문화권에서는 이해할 길이 없는 것이다.

실제로 글의 내용을 명확히 알 수 없을지라도 제대로 쓴 글씨는 보는 이를 압도하는 힘을 가지고 있다. 우리는 때로 글씨가 살아 있다는 이야기를 한다. 이런 글씨의 획은 이미 단순한 선이 아니다. 글을 쓴 손힘의 변화와 붓의 움직임을 보여주는 궤적이다. 사군자화에서 제대로 친 난을 들여다보아도 선 굵기의 조정이 주는 가능성을 읽을 수 있다. 만화는 거의 모두 선으로 이루어진 그림들이고 그 선의 다양함은 만화 각 장면의 생생함을 더하고 빼는 데 빠질 수 없는 요소들이다.

휘고 꺾은 선

선을 휘어보자. 휘어진 선은 그 휜 정도에 따라 양 끝보다 더 강력한 초점을 갖기도 한다. 선이 원에 가깝게 휠수록 우리는 그 중심에 주목하게 된다. 그리고 그 휜 정도에 따라 평면에는 내부와 외부의 구분이 생기기 시작한다.

이제는 선을 한번 꺾어보자. 가장 손쉽게 생각할 수 있고 또 건축에서 가장 많이 쓰이는 각은 직각이다. 꺾인 선도 어렴풋하게 평면을 내부와 외부로 구분한다. 길 가던 취객이 방뇨할 곳을 찾는다면 그는 당연히 모서리 안쪽을 택할 것이다. 꺾인 선은 두 개의 선이 만난 것으로 볼 수도 있다. 두 선이 만나게 되면 교차점이 시각적으로 가장 중요해진다.

평면이 얼마나 강하게 내부와 외부로 구분되는가 하는 정도는 두 선의 관계에 따라 달라진다. 두 선을 조금 떼어놓는다면 내·외부의 분할 정도는 눈에 띄게 약화된다. 취객은 다른

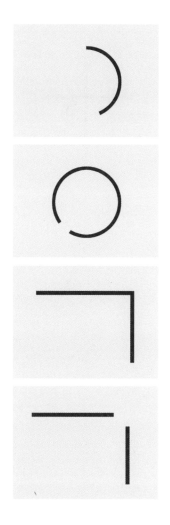

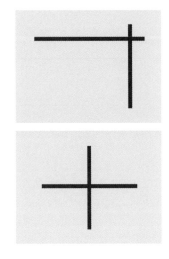

곳을 찾아 나설 것이다.

두 선이 만나는 데서 끝나지 않고 아예 교차하게 될 때는 비례의 문제가 등장한다. 두 선이 얼마만 한 길이로 교차하는가 하는 문제가 바로 그것이다. 비례는 디자인 어디에나 출몰하는 신기하고도 골치 아픈 문제다.

두 선이 교차하는 예로 주위에서 가장 쉽게 찾아볼 수 있는 것은 교회의 십자가다. 근 2000년 전에 서남아시아의 히브리 지역에서 태어나 집단 이기주의의 과격함과 갈등에 의해 사그라졌던 예수의 일생은 인류 역사의 근간을 흔들어놓은 사건이었다. 식민지의 하늘 아래서 고뇌하던 젊은이로서의 인성과 신의 아들이라는 신성을 지닌 이의 사형 집행에 사용되었던 도구였다는 점 때문에 기독교에서 십자가는 예수의 영향력만큼이나 중요하게 여겨지고 있다.

따라서 교회를 만드는 이들은 십자가가 번민과 고통과 죽음과 초월이라는 추상적 의미를 전달할 수 있기를 원해왔다. 조각가, 건축가를 비롯한 시각 디자이너들에게는 이런 심원한 메시지를 두 직선의 교차라는 추상적인 이미지를 통해 전하는 것이 기독교의 역사만큼이나 유서 깊은 숙제였다. 물론 우리 주위 어디에서나 보이는 붉은 네온 십자가에서 동네 조명 가게와 철공소의 무딘 감각 외에 초월적인 감수성의 자극을 기대하기는 어렵다. 그러나 어떤 이들은 선의 교차만으로도 우리의 감수성을 자극할 수 있다고 믿고, 또 그 가능성을 우리에게 보여주기도 한다.

경동교회(왼쪽)와 마산 양덕성당(오른쪽)의 십자가. 말로 표현은 할 수 없을지라도 뭔가 의미심장함이 깃들어 있는 듯한 십자가들이다.

담을 쌓다

선은 위치뿐 아니라 길이도 갖는다. 선은 그 길이를 통하여 평면을 적극적으로 혹은 소극적으로 분할한다. 즉 선이 평면 내에서 '비교적' 길면 그 선을 경계로 평면은 확연히 이쪽과 저쪽으로 분할된다. 이 '비교적'이라는 말은 텔레비전의 요리 강습에서 양념을 '적당히' 집어넣으라는 말만큼이나 주관적이기는 하다. 그래도 우리는 실제로 양념을 '적당히' 집어넣고 요리를 할 수 있다. 우리가 대체로 공감할 수 있는 '비교적' 긴 길이도 존재할 것이다.

이야기를 한 차원 높이면 평면에서의 선은 공간에서는 담이 된다. 마당에 담을 만든다고 하면 높이와 길이를 결정해야

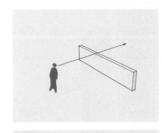

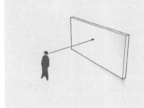

한다. 담의 높이는 공간 분할 요소로서 아주 중요한 변수다. 걸 터앉을 수 있을 정도의 낮은 담부터 시작하여 점점 그 높이를 높여나가자. 담 너머로 저쪽 공간을 넘겨볼 수 있으면 공연히 거추장스러운 구조물이 하나 중간에 서 있는 것으로 인식될 것이다. 아니면 걸터앉기 적당한 무언가가 있다는 생각이 들기도 할 것이다. 동네 장난꾸러기라면 올라서보고 싶은 생각이 들기도 하겠다. 담이 공간을 확실하게 분할하기 시작하는 것은 그 높이가 우리의 눈높이에 이르렀을 때다. 담 높이가 눈높이를 넘으면 담 저쪽은 우리가 알 수 없는 옆집 마당이 된다.

우리 눈앞에 담이 하나 있다고 하자. 그림을 거는 문제는 이미 해결됐다고 치고 이번에는 그 길이와 높이의 관계에 주목하자. 그 관계는 비례라는 단어로 바꿔 이야기해도 된다. 담은 높이와 길이의 비례에 따라 뭔가 다르다. 분명 다르게 느껴진다. 그러나 그냥 '다르다' 하고 끝나면 디자이너라고 불릴 수 없다. 그냥 다르지 않고 더 마음에 들고 보기 좋은 것이 있을 것이다. 좋은 비례를 찾는 문제는 건축가들을 포함하여 디자이너들이 풀어야 할 유서 깊은 화두다. 보기 좋은 비례를 만들고, 이것이 좋은 비례라는 설득력을 갖게 하려는 노력은 수많은 이론과 작도법과 수식을 만들어왔다.

비례의 신비
만물을 수학적 조화로 표현할 수 있다고 주장한 피타고라스는 지적知的인 세계에서 막대한 영향력을 행사해왔다. 피타고라

이 부분을 페디먼트라고 한다.

스와 그의 제자들은 우주의 신비로운 조화의 열쇠를 자신들이 찾아낸 것으로 생각했던 만큼 매사를 수의 조합, 즉 비례의 문제로 해석하려고 하였다. 그리고 이에 힘입어 비례는 수천 년간 우리의 시각과 청각적 반응을 해석해온 중요한 해법이 되어왔다.

그리스인들에게 가장 아름다운 비례는 황금 분할golden section이었다. 이들은 자신의 신체로부터 천체의 움직임까지 신기하고 아름다운 것은 모두 황금 분할의 틀로 재단하고 해석하였다. 이런 이들이 신전을 지으면서 건물의 각 부분들이 황금 분할을 이루도록 한 것은 당연한 결과였다. 서양 건축사 책에서 시작하여 그리스 관광 안내문에 이르기까지 빠짐없이 등장하는 건물이 파르테논Parthenon 신전이다. 서양 문명의 원류, 그

파르테논 신전은 이제 거의 허물어진 폐허로 남아 있다. 그러나 서양의 고대 지성을 보여주는 가장 중요한 상징이고 그리스의 자존심이다.

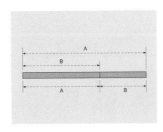

황금 분할의 비례.

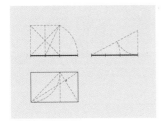

황금 분할의 기하학적 작도법.

정통성의 한가운데에 서 있는 이 건물은 황금 분할의 비례를 건물의 구석구석에까지 적용하여 설계된 것으로 유명하다.

선을 하나 그리고 그 위에 점을 하나 올려놓자. 이 점은 선 분을 긴 변, 짧은 변으로 나누어 비례를 이룬다. 선 전체 길이 대對 긴 변의 길이의 비와 긴 변 대 짧은 변의 길이 비가 같게 되는 위치, 그것이 황금 분할이다. 이 값은 1+√5의 반값이 되고, 풀어쓰면 1:1.618 혹은 0.618:1이라는 신기한 수치를 얻는다.

황금 분할은 헬레니즘이라 불리던 시대가 종지부를 찍은 이후에도 계속 영향력을 유지하여 서양 미술사에서 가장 의미심장한 비례로 알려져왔다. 그리고 아직도 여기 매달려 고민하는 사람들을 심심찮게 찾을 수 있다. 어떻게 하면 자와 컴퍼스만 가지고 이 비례를 가진 사각형을 그려낼 수 있을까 하는 작도법도 여럿 발견되었다.

피보나치(Leonardo Fibonacci, 1170~1250)수열은 여기에 신비로움을 더해주었다. 피보나치가 낸 문제는 "막힌 방 안에 한 쌍의 토끼를 넣었다. 만약 각 쌍이 새로운 한 쌍을 매달 낳고 각 쌍은 두 번째 달부터 생산 능력을 갖는다면 1년 뒤에는 얼마나 많은 쌍이 존재하겠는가?" 하는 것이었다. 이것은 1부터 시작하여 앞에 있는 두 수의 합이 세 번째 수가 되는 수열이다. 고등학교 수학 시간에 배운 방법으로 표현하면 $a_n+a_{n+1}=a_{n+2}$, 단 $a_1, a_2=1$이 되겠다. 한번 나열해 보자. 1, 1, 2, 3, 5, 8, 13, 21, 34, ……와 같은 값들을 얻을 수 있을 것이다. 여기서 그치지 않고 끈기 있게 덧셈을 해나가는 사람도 있겠다. 이 값은……,

17711, 28657, 46368, 75025, ……로 이어진다. 여기서 발견된 신기한 사실은 수치가 이 정도에 이르면 인접한 두 수의 비례가 1:1.618의 황금비가 된다는 것이다.

피보나치수열의 첫 비례는 2:3이다. 이것은 간단한 만큼 적용하기가 쉬워서, 사용된 예를 주위에서 많이 찾아볼 수 있다. 피타고라스가 숫자로 세상을 해석하기 시작한 단초는 소리와 현의 길이가 갖는 상관관계였다. 즉 현의 길이 사이에 정수비가 성립하면 현이 내는 소리가 화음을 이룬다는 사실이 그 내용이었다. 그리고 이에 따라 미술보다는 음악이 비례에 의해 규정되기 시작했다. 학문 중의 학문, 수학에 의해 음악이 먼저 규정됨에 따라 아카데미에서 가르쳐야 할 과목으로 미술보다 음악이 훨씬 먼저 선택되었다.

비례의 실제

피타고라스 이후 바흐, 베토벤은 물론이고 한국의 가요, 동요에 이르기까지 화성 전반을 규정하고 있는 화음이 5도 화음이다. 피아노 앞에 앉아서 도와 솔을 눌러보면 얼마나 우리가 익숙하게 들어온 화음인지를 느낄 수 있다. 이 5도 화음이 바로 주파수상 2:3 비율을 이루는 음의 조합이다. 가온 다, 즉 다장조의 도는 261.63헤르츠Hz, 이와 5도 관계인 솔은 391.99헤르츠로 2:3의 비례를 이룬다. 한 옥타브, 즉 도와 다음 도는 주파수상 1:2의 비례 관계에 있다. 이 옥타브를 공평하게 12개의 반음으로 잘라 조바꿈의 문제를 해결하려고 하면 우리가 쓰

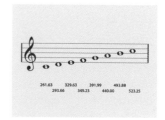

평균율로 조율된 주파수.

황금 분할 비례의 사각형.

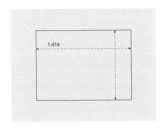

1:√2 비례의 사각형.

고 있는 평균율에서는 5도 관계라 해도 똑 떨어지게 2:3의 비례가 되지는 않는다. 그러나 이는 우리의 귀가 감지하기 어려운 오차이고, 적어도 기본 비례는 2:3으로 유지되어 있다. 이 타협에 의해 조바꿈이 가능해지고 바흐의 『평균율 클라비어곡집』이 서양 음악사에서 갖는 의미가 부각되는 것이다.

우리 주위에서 가장 흔하게 볼 수 있는 것은 1:√2의 비례다. "세상은 수의 조화로 표현되는바, 그 수는 유리수"라고 주장하던 피타고라스의 권위를 유지하는 데 걸림돌이 되어온 수가 무리수 √2다. 이는 역시 작도법상의 간단함에 힘입어 아직도 굳건히 그 위력을 발휘하고 있다. 1:√2 비례가 가진 최고의 강점은 반을 딱 잘라도 같은 비례가 유지된다는 점이다. 우리들이 흔히 쓰는 종이는 A3, A4와 같은 규격을 가지고 있다. 1:√2의 비례를 갖는 종이가 1제곱미터의 면적을 갖도록 맞춘 후 이를 절반씩 잘라나간 것이 A 시리즈의 종이들이다.

주변의 비례

그 값이 얼마인지를 떠나 비례의 힘은 엄청난 것이다. 앞서 언급한 파르테논 신전과 같이 기단과 열주가 있고 페디먼트pediment라고 부르는 삼각형의 부재部材를 머리에 이고 있는 그리스 시대의 건물들은 아직도 많이 남아 있다. 기단이 있고, 기둥이 있고, 모서리의 처마가 날아가는 모습을 한 우리의 전통 건축물도 무수하게 많다. 그러나 그중에서도 파르테논 신전과 부석사의 무량수전이 오늘날 다른 건물을 압도하는 걸작으로

격찬받는 이유는 무엇일까. 그 꽉 짜인 비례 때문일 것이다. 전체와 부분, 부분과 부분 사이의 비례가 우리의 눈에 만족스럽게 보이기 때문이다.

비례를 가장 극단까지 몰고 간 집단으로는 20세기 초반 네덜란드에서 활동하던 미술 집단 '데 스테일De Stijl'을 꼽을 수 있다. 저렇게 그림을 그려도 화가라면, 나라고 화가가 아니 될 근거가 어디 있느냐고 우리에게 자신감을 심어주는 예로 곧잘 등장하는 몬드리안(Pieter Cornelis Mondriaan, 1872~1944)이 그 대표 인물이다. 그림에서 군더더기를 모두 빼면 색채와 그 색면들의 비례만 남게 되고, 이들이 그림의 필요충분조건이라는 혁신적이고 독창적인 아이디어 덕분에 그는 아직도 '차가운 추상의 선구자'로 미술사 책에 등장한다. 미술의 가치는 창조에 있기 때문이다. 이전의 그림들과 달리 그의 그림에서는 '사과와 소녀'가 아닌 '비례'가 들어 있는 것이다.

비례가 신비롭듯 부석사 무량수전도 신비롭다. 이 건물은 많지 않은 고려 시대의 건물이라는 역사적 가치뿐 아니라 순수한 건축적 가치로도 우리 앞에 당당히 서 있다.

동네 문방구점에서 구할 수 있는 학용품에 쉽게 모방, 인용되는 몬드리안의 구성. 색과 선이 아닌 비례를 들여다보면 원본과 모방의 차이를 읽을 수 있다.

미스 반데어로에의 건물을 모방했다는
비난도 받는 삼일빌딩. 그러나 여기 사
용된 비례는 미스 반데어로에의 것과는
다른 건축가 자신의 것이다. 건물에서
이런 비례를 만드는 것은 물리적으로
쉽지 않다.

작곡가 버르토크(Béla Bartók, 1881~1945)도 각 부분의 마
디 수가 피보나치수열에 등장하는 비례를 갖도록 음악을 만들
기도 하였다. 이 비례가 어떤 차이를 가지고 있는지는 그냥 들
어서는 알기 어렵다. 그러나 음악가들도 여전히 비례의 주위를
배회하고 있다.

이와 맥을 같이하여 건축의 시각적 숙제는 형태가 아니고
비례라는 아이디어에 집요하게 매달리면서 건물을 디자인하
는 건축가들도 있다. 독일에서 태어나 나치의 박해를 피해 미
국에서 활동하던 루트비히 미스 반데어로에(Ludwig Mies van der
Rohe, 1886~1969)가 그 선구자다. 온 세계 사무소 건물의 전형

을 만들어온 그의 강령에 따라 오직 비례의 칼 한 자루만으로 충실하게 다듬어진 건물들은 한국에서도 제법 찾아볼 수 있다. 여기서 건축가가 보여주고 싶은 것은 동그랗고 세모난 모양이 아니라 꽉 짜인 비례감이다.

몬드리안의 그림이 그렇듯 이런 그림들은 지극히 추상적이다. 차갑다고 할 수도 있다. 선 하나를 움직이면 전체의 구성이 무너질 것 같은 비례의 짜임새가 그 외관에서 이야기하는 내용이다. 이런 건물들은 예쁘다, 아름답다와 같은 평면적인 형용사만으로는 표현할 길이 없다. 이들은 우아하다, 장엄하다 등과 같이 좀 더 복잡하고 미묘한 어휘로 표현되어야 할 대상들이다.

아름다운 비례

좋은 비례라고 하는 것은 우리의 입맛이 그렇듯이 분명 문화적 배경에 의하여 달리 규정될 내용이다. 멀쩡한 악기로 기괴한 소리를 낸 음악회장의 청중을 혹사하는 현대의 작곡가들이 주장하는 것처럼, 좋은 비례는 분명 교육의 결과일 수 있다. 사실 정수비가 아닌 황금비를 갖는 주파수의 화음들도 듣다 보면 과연 아름답게 들릴지도 모를 일이다. 어찌 되었건 새로운 비례는 계속 실험되고 있다. 그러므로 몇몇 제한된 비례만 훌륭한 것이라고 단호하게 이야기할 수는 없다.

그러면 아름다운 비례는 객관화될 수 있을까. 어떤 비례가 다른 것보다 더 아름답다고, 수학에서 하듯 부등호로 연결

할 수 있을까. 수학적인 계산이 반드시 좋은 비례를 만들어주지는 않는다는 것이 많은 사람이 내린 결론이다. 아무리 책의 뒤를 뒤져봐도 비례 문제의 정답은 찾을 수 없다. 뒤집어서 이야기하면 가장 유명한 디자이너가 설정한 비례라고 해도 우리는 싫다고 이야기해버릴 수 있다. 그래도 아무도 이를 놓고 트집을 잡을 수는 없다. 자신을 갖자.

사실 우리 시각은 정량적으로 그리 정확하지 않다. 6퍼센트 미만의 비례 차이는 시각적으로 감지할 수 없다는 연구 결과를 제시하는 이도 있다. 몬드리안이나 미스 반데어로에가 작업하던 방법도 직관에 의존하는 것이었다. 수학적으로 잘 해석되지 않는 난수표 같은 비례들도 얼마든지 좋게 보일 수 있다는 것이 이들이 각각 그림과 건물에서 우리에게 보여준 내용들이다.

길이를 재다

미터법은 미국을 제외한 모든 나라에서 기준으로 사용하고 있는 도량형이다. 파리 미터 협약의 영향 덕에 미터법은 1963년 이후 이 땅에서도 도량형의 표준 척도로 사용되기 시작하였다. 「계량 및 측정에 관한 법률」에서 길이의 측정 단위는 미터로 한다고 못 박고 있는 것이다.

사실 미터 단위는 지구의 크기와 관계가 있을지 모르나, 우리의 일상적인 삶과는 그다지 공유할 만한 점을 찾기 힘든 도량형이다. 애초에 "파리를 지나는 자오선의 사분원의 천만

분의 1"로 프랑스 과학 아카데미가 규정하였던 1미터가 이후 "크립톤-86 스펙트럼의 등적색선 파장의 1,650,763.73배"로 정의되든지 "진공 속에서 빛이 299,792,458분의 1초 동안 진행한 거리"로 정의되든지 우리의 하루하루 생활에는 변화가 없다. 오히려 한 자, 두 자 하면서 쓰는 척관법尺貫法 단위나 미국에서 인치inch와 피트feet로 부르면서 재는 임페리얼 스케일 imperial scale이 더 친밀한 치수로 느껴진다. 이들은 손가락, 발 길이와 같이 신체에서 유래된 단위들이기 때문이다. "대통령령이 정하는 경우를 제외하고는 법정 단위 이외의 단위를 거래상, 증명상의 계량 또는 광고나 측정에 사용할 수 없다"는 법령의 엄포에도 불구하고 우리는 아직도 집의 크기는 24평, 36평, 방 크기는 12자에 15자 하고 이야기한다. 이들은 모두 인간친화적인 치수들의 굳건한 저력을 보여주는 예다.

　미터 단위는 특히 2와 5로만 나뉘어 떨어진다는 문제도 안고 있다. 1미터를 3등분해야 할 때 생기는 33.33……센티미터라는 위치는 우리가 쓰는 자의 눈금에서는 찾을 수 없는 그 어디이기 때문이다.

　프랑스의 건축가 르코르뷔지에(Le Corbusier, 1887~1965)는 황금 분할의 적용 가능성을 샅샅이 탐구한 인물로 알려져 있다. 그는 우선 우리가 쓰는 자의 단위부터 손을 대기 시작하였다. 아예 새로운 자를 만들어 쓰기 시작한 것이다. 그는 사람의 키를 프랑스인의 기준으로도 큰 183센티미터로 잡고 여기 황금분할을 곱하고 나누어가면서 모뒬로르Modulor라고 이름 붙인

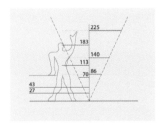

르코르뷔지에는 '모뒬로르'라고 이름 붙인 새로운 잣대로 자신이 만드는 세상을 재나갔다. 그는 고대 그리스 시대의 페이디아스, 르네상스 시대의 미켈란젤로를 잇는 현대 건축의 거장으로 평가받는다.

독특한 치수 체계를 만들었다. 그러고는 이 척도를 문이나 계단부터 방의 크기와 심지어 건물의 크기를 결정해나가는 데까지, 그것도 평생 사용해나간 보기 드문 고집의 소유자였다. 그리고 꼭 이 황금 분할 때문이라고는 할 수 없을지 모르나 적어도 그가 만든 건물들은 현대 건축의 기념비들로 알려져 있다.

꺾임과 굽이침

장황했던 비례 이야기는 이쯤에서 접고 담으로 돌아오자. 잠깐 담과 벽의 차이를 생각해보자. 벽이 무엇인가라는, 사전적인 대답을 요구하는 질문에는 똑 부러지게 대답을 못하더라도 우리는 벽이 무엇인지 알고 있다. 눈앞에 누군가가 모자를 들고 와서 그게 벽이라고 이야기하면 우리는 대뜸 아니라고 할 수 있다. 정의는 못해도 구분과 인식은 할 수 있는 것이다. 담은 벽 중에서 상부에 또 다른 바닥 판을 얹지 않은 것을 지칭한다고 봐도 큰 무리가 없다. 두 단어 사이에는 포함 관계가 성립한다. 즉 덕수궁의 돌담은 벽이라고 지칭해도 무리가 없으나 우리들이 생활하는 방을 이루는 벽을 담이라고 하지는 않는다. 앞으로는 포괄적인 단어인 벽을 사용하여 이야기를 진행하도록 하자.

가장 간단한 벽은 곧게 펴진 벽이다. 물론 굽은 벽도 있으나 주위에서 찾아볼 수 있는 벽은 대부분 곧은 벽이다. 우리 주위의 벽이 직선으로 이루어져 있는 가장 큰 이유는 곧은 벽이 지니는 경제성 때문이다. 여기서 경제적이라고 하는 것은 우선 곧은 벽이 만들기 쉽다는 물리적인 경제성을 의미한다. 굽은 벽을 만들기 위해 들어가는 부수적인 노력은 엄청나다. 그것은 종이 위에 그려진 직선과 곡선의 차이로는 설명되기 어렵다.

다음은 공간의 경제성이다. 벽이 휘면서 생기는 공간의 문제는 가구의 모양을 보면 쉬 짐작할 수 있다. 우리 주위를 살펴보면 책상, 장롱, 침대 등 거의 모든 가구가 반듯반듯하게 생겼고, 거의 모두 벽에 바짝 붙여져 있다. 그러니 벽이 휘어 있을 때는 문제가 없는 경우보다 있는 경우가 많다. 건축가들 중에서는 벽을 휘어놓고 그게 그랜드피아노 놓을 자리라고 하는 이들도 있다는 우스갯소리가 있다. 어찌 되었건 굽은 공간의 이용은 기능상 그리 쉽게 해결될 부분이 아니다. 그러나 가장 중요한 것은 아마 시각적 경제성일 것이다. 이는 많은 건축가들이 공유하는, '보기에 간단하다'는 미의식과 연관이 있다.

물론 그렇다고 건축가들이 모두 곧은 벽으로만 건물을 만들지는 않는다. 곧은 벽이 항상 경제적이라고 이야기할 수도 없고, 경제성만 가지고 건물의 가치를 판단할 수도 없다. 주위의 조건이 요구하는 바에 의해 굽은 벽이 만들어지는 경우도 등장한다.

삼성플라자는 워낙 번잡한 거리에 면해 있다. 수많은 자동차의 통행에 노출되어 혼란스러울 법한 이 공간을 보행자에게 개방된 마당으로 만들기 위해 건축가는 굽은 벽을 선택했다. 완만하게 굽은 벽은 이 마당을 둥글게 둘러싼다. 하지만 이 벽은 공간을 규정하면서도 배타적으로 보이지는 않는다. 건축가가 '적당한' 정도로 벽을 휘었기 때문이다.

삼성플라자 전면의 유리 벽은 앞마당을
적당한 정도로만 감싸겠다고 한다.

병산서원의 노비 변소. 휘어진 정도에 따
라 내부 공간의 구획이 명확해진다.

휜 벽의 특성이 확연한 공간으로 병산서원의 노비 변소를
들 수 있다. 노비를 위한 곳이고 그나마 용도가 변소이다 보니
만든 이는 가장 간단한 방법을 찾았을 것이다. 사용된 것은 단
하나의 벽이다. 그러나 동그랗게 말린 벽체에 의해 문도 없는
이곳에서 내부와 외부 공간은 확실하게 구분이 되고 있다.

자연의 산세를 2차원으로 표현해놓은 등고선은 오로지
구불구불한 곡선만으로 이루어져 있다. 그런 만큼 산중에 건물
을 지어야 할 경우에는 곡선이 좀 더 적극적으로 고려된다. 산
성山城은 능선을 고수해야 한다는 원칙에 따라 자연지세를 선
입견 없이 따라가면서 만들어지는 대표적인 구조물이다. 그래
서 뱀이 지나간 것처럼 구불구불하다.

지형을 따라간다는 개념은 건물을 산에 들어앉히는 데 반
영되기도 한다. 천안의 계성원은 바로 이런 개념에 따라 만들어
진 건물이다. 경사가 아주 급한 땅에 건물을 설계하게 된 건축

가는 지형을 따라 완만하게 굽은 벽처럼 건물을 만들어 앉혔다. 건물을 휘는 것은 쉽게 내릴 수 있는 결정이 아니다. 부수적인 많은 문제점을 감수하고 해결해야 한다. 건축가는 이런 어려움을 무릅써도 좋을 만큼 이곳에 굽은 건물이 어울린다고 생각하였을 것이다. 그리고 어려운 선택을 한 만큼 건축가가 이를 건물 외관의 가장 중요한 요소로 강조하려 한 것은 당연한 결정이다. 그는 건물의 끝에서 끝까지 연결된 띠를 각 층마다 만들어 넣었다. 이 수평 띠는 건물의 면을 감고 돌면서 뱀의 허리처럼 굽은 벽을 최대한 부각하고 있다. 이 건물은 수려한 산세의 중턱에 산성의 한 부분처럼 서 있다. 굽이치는 선이 꺾인 선보다 훨씬 아름다울 수 있음을 우리에게 보여주고 있는 것이다.

계성원은 산 중턱에 산성처럼 걸쳐져 있다. 햇빛을 받으면 굽은 면은 더 강조된다.

사진제공 | TSK건축

상자, 상자, 또 상자,
가끔 원통

도형을 생각해보자. 건축에서 가장 널리 쓰이는 도형이 사각형이니만큼 사각형을 가지고 이야기하자. 사각형은 평면을 내부와 외부로 완전히 구분한다. 그러나 이 사각형도 네 변을 이리저리 조절하다 보면 재미있는 점을 발견할 수 있다.

모서리

두 사각형을 비교하자. 여기서 사용된 변의 길이는 각각 같다. 그러나 두 사각형 중 모서리가 막힌 것이 훨씬 더 제대로 된 사각형으로 읽힌다. 모서리가 개방된 것도 분류를 하자면 사각형에 들어가겠다. 하지만 좀 얼이 빠진 사각형으로 보인다. 내부와 외부를 그리 똑떨어지게 구분하지도 않는다. 두 선이 교차할 경우 가장 중요한 부분이 교차점인 것처럼 사각형에서도 가장 중요한 부분은 모서리다.

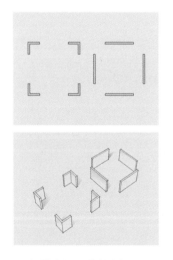

두 사각형에서 공간을 한정하는 정도는 분명 다르다.

이 성질은 건축에서 쉽게 적용된다. 주위 경치가 뛰어난 곳에 건물을 짓는다고 생각하자. 설악산 근처 어디라고 해도 좋고 동해를 마주 보는 어디라고 해도 좋다. 우리는 당연히 방 안에 앉아서도 이 아름다운 풍경을 고스란히 느낄 수 있기를 원한다. 선조들은 여기 사방이 훤히 뚫린 정자를 지었을 것이다. 그리고는 "갓 괴여 닉은 술을 갈건葛巾으로 밧타노코 곳나 모 가지 것거 수노코" 마셨을 것이다.

그러나 이것도 삭풍이 몰아치는 동지섣달에 가능한 풍류 는 아니다. 이럴 때는 이불을 뒤집어쓰고 매서운 한파가 빨리 지나가길 기다릴 수밖에 없다. 그러나 분명 시대는 바뀌었다. 밖에는 기록적인 눈보라가 쳐도 우리는 따뜻한 방에 반소매 옷 을 입고 앉아서 경치를 구경하려고 한다. 선조들이 만든 정자 를 유리로 만드는 아이디어도 있다. 그러나 우리가 사는 방은 무언가를 기대어놓고 감춰야 할 부분도 있어서, 일단 유리보다 는 불투명한 벽으로 만들어지는 경우가 더 많다.

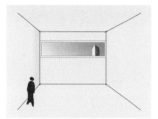

가장 간단한 방법은 냉난방이 잘되는 방을 만든 후 좋은 경치 쪽으로 창을 내는 것이다. 창을 내도 큼직하게 내야 한다. 그러나 같은 크기의 창을 낸다고 해도 더 효과적인 방법이 분 명히 있다. 모서리를 개방하면 내·외부의 분할이 모호해지는 성질을 이용할 수 있다. 같은 크기의 창이라도 방의 모서리에 내면 자연이 훨씬 더 방 깊숙이 들어와 있는 것처럼 느껴진다.

아이디어가 있으면 그 아이디어는 극한까지 추구되면서 가능성이 탐구되어야 한다. 모서리를 개방한다면 실제로 우리

창을 내는 방법에 따라 실내 분위기는 확연히 달라진다.

지리산 천은사의 수홍루垂虹樓. 날아갈
듯도 하고 허공에 떠 있는 듯도 하다.

놀이공원에 있는 어느 망루. 별로 날씬
해 보이지 않는 이유는 무얼까.

의 시선을 가로막는 것이 아무것도 없는 상태까지 고려된다.
그래서 건축가들은 모서리의 창틀마저 아예 없애버리고 유리
만 모서리에서 만나게 하기도 한다. 선조들이 만들던 정자처럼
때로는 벽이 아닌 기둥으로 지붕을 받치는 건물도 있다. 이런
건물이라면 기둥과 유리 모서리가 만나는 방법이 문제다. 기둥
도 모서리 안쪽으로 들여서 배치하면 기둥이 유리 면의 끝을
막는 것보다 훨씬 개방적으로 느껴진다.

날카로움, 혹은 날렵함

날카로운 도형은 매력적이다. 매력적이지 않으면 적어도 인상
적이기는 하다. 판화를 잘 들여다보자. 칼끝으로 파내서 만들
어진 선의 날카로움이 판화의 박력을 유지하는 데 얼마나 중요
한 요소인지 알 수 있다. 삼각형은 그 날카로운 모서리가 주는

과연 무엇을 볼까

기업은행 본점(왼쪽)과 포스코 P&S 타워 (오른쪽)는 예각의 조합으로 건물의 면을 형성했다. 기업은행 본점은 반사 유리 라는 밋밋한 한 가지 재료를 사용함으 로써, 포스코 P&S 타워는 면마다 다른 형태의 창틀을 사용함으로써 그 예각을 강조하고 있다.

매력 때문에 많은 건축가들이 눈여겨보는 도형이다. 칸딘스키 (Wassily Kandinsky, 1866~1944)는 동양계 건축물의 매력을 처마 가 만들어내는 예각에서 찾아냈다. 과연 그의 이야기처럼 동양 건축, 특히 한국의 전통 건축물들은 지붕이 없다면 그 모습을 더 이상 거론할 길이 없다. 팔작지붕으로 대표되는 지붕 끝의 날씬함은 한국 건축을 이야기하는 맨 처음이자 끝이라고 보아 도 크게 무리가 없다.

　　이렇게 예각을 사용한 덕에 시원하고 날씬하게 보이는 현 대의 건물들도 주위에 많다. 삼각형은 잘 조합하면 사각형 평 면이 지닌 장점을 고스란히 유지할 수도 있다. 이 때문에 삼각

서울역 앞에서 본 밀레니엄 서울 힐튼 호텔. 병풍을 세워놓은 것 같기도 하다. 그러나 양 끝을 모두 펴놓았다면 무겁고 지루하기만 한 모양이었을 것이다.

형은 건축가들의 메뉴에 곧잘 등장한다. 건축가들은 때로 사각형을 조정하여 삼각형 건물의 날카로움이 느껴지는 모서리를 만들어내기도 한다.

상자 모양 건물로서 밀레니엄 서울 힐튼 호텔만큼 건축가의 센스를 잘 보여주는 것도 찾기 힘들다. 이 건물은 대단히 길쭉한 평면을 가지고 있다. 우선 복도를 가운데 두고 객실을 양쪽에 죽 나열하는 것은 우리가 잘 알고 있는 일반적인 호텔의 평면 모습이다. 이 건물도 여기서 벗어나지 않는다. 그대로 두면 지루하기만 할 내부와 외부의 모습이다. 여기서 건축가가 한 일은 건물을 자질구레하게 장식한 것이 아니다. 건물의 양쪽을 살짝 꺾은 것뿐이다.

이 '살짝 꺾음'은 표면적으로는 간단해 보인다. 그러나 이는 한동안 사대射臺에서 과녁을 조준하던 궁수가 마지막 순간 화살을 놓는 것만큼 위력적인 디자인의 선택이었다. 밋밋하고 지루할 뻔하던 건물은 이 꺾음에 의해 날아갈 듯이 가볍고 세련된 모습을 띠게 되었다. 건축가의 선택은 분명 수많은 검증과 조정을 거쳐 얻어진 것이다. 이 간단한, 그러나 엄청난 차이는 서울역 앞에서 이 건물을 바라다보면 쉬 느낄 수 있다. 양 끝이 그렇게 꺾이지 않고 밋밋하게 펴진 상태를 상상해보면 효과를 알 수 있다.

날카로운 건물이 인상적이라고 해도 모든 이가 여기 동의하는 것은 아니다. 세상 모든 이가 무조건 날씬한 몸매를 선호하는 것도 아니다. 모든 건물이 날카로울 수도 없다. 우리 주위에는 날아가는 듯한 지붕이 없는 건물들이 더 많다. 거리의 모든 사람이 모자를 써야 할 필요는 없는 것처럼 모든 건물의 지붕이 한옥처럼 강조될 필요도 없다.

수많은 상자

우리 주위에 있는 절대다수의 건물은 무덤덤한 상자 모양이다. 도시가 이렇게 상자 일색으로 되어 있다는 것은 많은 사람에게 성토의 대상이 되기도 하다. 사각형은 우리의 도시를 성냥갑의 집합체처럼 만든다는 오명을 쓰고 있다. 그런데 사각형이 그토록 끈질기게 사용되는 것은 다른 도형이 좀처럼 따라갈 수 없는 다양한 건축적 장점이 있기 때문이다. 가장 큰 장점은 다른 어떤 도형보다 공간적으로 경제적이라는 것이다. 사각형을 조합하면 언제나 주어진 평면을 낭비 없이 채워나갈 수 있다. 게다가 곧은 벽의 예에서 거론된 기능적, 시각적 경제성도 무시할 수 없다.

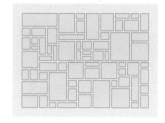

   도시를 이루고 있는 상자들을 잘 살펴보면 그래도 제법 많은 변화를 찾아낼 수 있다. 간단한 상자의 극단으로는 전체가 거울로 뒤덮인 건물을 들 수 있다. 반사 유리 건물은 그 속에 무엇이 있는지 도대체 알 수 없다. 창과 벽의 구분조차 없다. 그래서 선글라스를 쓴 사람과 이야기하는 것 같다며 싫어하는 사람들도 있다.

   각 층의 구분이 드러나지 않다 보니 건물은 밋밋한 면을 잘라 붙여놓은 것처럼 보인다. 그래서 건축가들은 건물의 전체

파라다이스 사옥에서는 네모난 상자 말고 거기 비치는 나무와 구름과 하늘을 보아야 한다.

윤곽을 강조하고 싶을 때 반사 유리를 사용하기도 한다. 이런 건물들은 거울처럼 주위를 비추므로 주위의 조건이 중요하다. 많은 경우 영상이 일그러지는 한계를 보이기는 하나 이런 건물들은 주위 환경에 따라 자신을 변화시킨다. 그 벽에 비치는 숲과 하늘과 구름이 매력으로 꼽히는 건물들이다.

우리 주위에는 이보다는 창이 구멍처럼 나 있거나 띠처럼 나 있는 건물이 훨씬 많다. 타일 벽에 창이 무신경하게 뚫려 있고 간판으로 뒤덮인 건물들을 우리는 주위에서 흔히 볼 수 있다. 이런 무신경한 건물들은 물론 도시 미관이라는 점에서 그리 바람직하지 않은 모습들을 보여주기는 한다.

그러나 건축가들은 상자라는 테두리 안에서 창문의 배열

을 통해 다양한 이야기를 한다. 건축가가 그 건물에 얼마나 꼼꼼히 신경을 썼는가 하는 것은 창을 봐도 금방 드러난다. 건축가들이 창을 내면서 고민할 때 들이는 시간은 건물 전체의 외관을 디자인하는 시간의 절반을 넘는다고 봐도 지나치지 않다.

건축가들 중에는 창문을 띠처럼 만들고 이를 강조하고 싶어 하는 이들도 있다. 이 건물들의 모서리가 둥글게 말려 있는 것은 그 띠가 건물의 모서리를 아무 분절 없이 지나가게 하겠다는 의지를 보여준다. 어떤 건물에서는 모서리가 있어도 띠를 그냥 말끔히 진행시키기도 한다. 이에 의해 건물은 지극히 간단하고 명쾌한 외관을 갖게 된다. 이런 모습에서 현대적인 맛을 찾는 이들도 있다.

왼쪽) 한국종합무역센터 사무동은 전체가 반사 유리로 덮인 건물로 계획되었다. 그러나 테헤란로를 오가는 운전자들에게 햇빛을 반사할지 모른다고 하여 그 방향의 면에는 다른 재료를 붙였다.

오른쪽) 삼성생명 사옥처럼 모서리를 돌아가는 띠창을 사용한 건물은 많다. 이럴 경우 건축가들은 수평면을 강조하기 위해 창살도 가장 얇은 것을 선택하곤 한다.

교보생명 사옥의 모서리를 보면 기둥 앞에 판을 갖다 댄 형식이라는 이야기가 읽힌다. 우리는 이 건물이 전통 건축이 그렇듯이 내력벽이 아니라 기둥에 의해 지탱되는 구조를 취하고 있음을 알 수 있다.

교보생명 사옥의 경우에는 또 다른 모습을 보여준다. 둥근 기둥을 건물 밖에 노출하는 것은 동양의 전통 건축에서 일반적으로 보이는 모습이다. 건축가는 현대에 세워지는, 덩치가 훨씬 더 큰 건물에서도 이를 되살리고 싶었을 것이다. 그리고 여기에 현대적인 시원함을 더해주고 싶었을 것이다. 건축가는 우선 기둥을 밖으로 노출했다. 그리고 이 위에 수평선이 강조된 거대한 판을 덧대었다. 막힘없이 시원하게 뻗은 면은 기둥에 덧대어져 있음이 건물에 고스란히 표현되어 있다. 입구 로비 부분에는 이 판이 도려내지고 다시 건물의 기둥이 노출되었다. 그리하여 이 건물은 고전 건축의 구조적 명쾌함과 현대 건축의 시각적 명쾌함을 동시에 보여준다.

이 부분이 열린다.

웰콤시티 사옥은 단순하면서도 독특한 형태를 지닌 상자의 조합으로 이루어져 있다. 건축가는 이 건물에서 창이 필요하다는 데는 동의했으나 이 창이 명쾌한 건물의 형태를 어지럽히는 것은 원하지 않았을 것이다. 우선 건축가는 창을 통해서는 이 건물의 층 구분을 알 수 없게 만들었다. 여러 층이 쌓여서 만들어진 것이라고 생각할 수 있는 근거가 사라진 것이다. 건축가는 창에 유리를 끼우는 방법도 고민했다. 창의 유리 면을 건물의 벽면과 완벽하게 일치시킨 것이다. 유리창을 열기 위해서는 창틀이 필요하므로 유리 면이 벽면보다 뒤로 조금 물러나게 된다. 이에 건축가는 유리창은 봉창封窓으로 만들고 대신 벽을 열게 만들어 이 문제를 해결했다. 이 깔끔한 상자는 건

'기능적 필요에 따라 벽을 뚫어놓으면 그게 창'이라고 생각하지 않는 건축가가 많다. 웰콤시티 사옥은 창의 위치를 잡는 데서 시작하여 실제로 건물로 만들어내는 데까지 건축가가 들인 공력을 보여준다.

그 큰 덩치를 가지고 무엄하게 세종로에 서 있다는 비난을 받는 건물들의 하나인 정부중앙청사. 수직의 부재들은 실제 기둥이다.

축가가 복잡한 고민 끝에 내놓은 결과물인 것이다. 그리고 이렇게 만든 유리창에 반사되어 비치는 풍경은 액자 없이 전시된 그림처럼 현대적이고 박력 있는 모습을 보여준다.

건축가들 중에는 수직선을 강조하고 싶어 하는 이들도 있다. 이 경우는 수평선의 경우와 달리 외관이 좀 울퉁불퉁해지기 쉽다. 대개 건물의 기둥들이 수직선 역할을 하기 때문이다. 기둥이 하중을 버티려면 얇은 피막이 될 수는 없고 최소한의 굵기가 있어야 한다. 그래서 건축가들은 아예 이 굵기를 밖으로 내밀어 보여주곤 한다. 그러면 여기에 그림자가 생기면서 수직선은 더욱 강조된다. 강조되는 수직선의 간격이 기둥의 간격을 보여주어야 한다고 생각하는 건축가들도 있다. 건물의 크기가 그래야 제대로 읽히기 때문이라는 것인데, 그게 뭐 대수냐고 생각하는 건축가들도 물론 있다.

이제까지 드러난 것처럼 건물을 보면서 필요한 것은 "저렇지 않다면?" 하는 가정이다. 즉 "저렇게 꺾이지 않았다면?", "저렇게 잘라내지 않았다면?" 하는 상상이 우리가 건축을 감상하는 데 필요한 훈련의 첫걸음이다.

원과 원통

원은 변화를 주기가 좀 힘든 도형이다. 원은 모든 도형 중 가장 자족적自足的인 도형이라 할 수 있다. 앞서 좌우 대칭이 디자이너의 운신을 구속하는 점을 지적하였다. 그런데 원은 좌우가 아니라 평면상 어느 쪽으로 보아도 대칭의 틀을 가지고 있는 것이다.

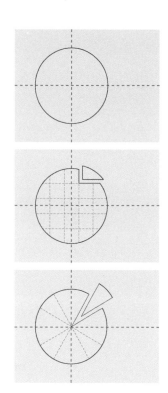

원은 내부에 굳건한 위계를 형성해놓고 있다. 원에는 한가운데 중심이 있고 이 중심이 전체를 장악한다. 중심이 아닌 곳에 점이 하나 찍혀 있으면 우리는 좀 거북스럽게 여기며 뭔가가 틀렸다고 지적할 것이다. 반면 중심에 그 점이 있으면 마땅히 있어야 할 곳에 있다고 생각할 것이다. 피자나 생일 케이크 자를 때를 생각해보자. 우리는 거의 항상 방사선 모양으로 조각을 낸다. 격자형으로 자르는 사람도 있겠다. 그러나 그런 이들은 도대체 무슨 억하심정으로 그리 잘랐냐고 한마디씩 이야기를 듣게 된다.

우리나라 사람들은 유독 원을 좋아한다. 회사의 로고도 원 또는 타원이 압도적으로 많다. 로고의 설명을 들어보면 원은 세계와 인생을 모두 포괄하는 거창한 상징을 띠곤 한다. 원에 변화를 주려면 원에서 한 부분을 잘라내거나 한쪽으로 늘여야 한다. 타원이나 짱구를 만드는 것이다. 원주의 일부를 지운다 해도 내·외부의 공간 구분은 쉽게 사라지지 않는다. 그러나 중심으로부터 형성된 위계는 갑자기 허물어지게 된다. 디자이너들이 뭔가 작업해볼 만한 여지가 생기기 시작한다. 주위를

국내의 대표적인 회사들의 로고. 원의 디자인은 원을 누르고 부수는 데서 시작한다는 점에 이 로고의 디자이너들은 동의하는 듯하다.

두 종류의 마루 모서리. 왼쪽의 마루 널판은 둥근 기둥을 의식하고 있고 오른쪽의 마루 널판은 각진 기둥을 의식하고 있다.

살펴보면 그냥 동그랗기만 한 원보다는 잘라내거나 잡아 늘여서 변형된 원을 많이 찾아볼 수 있다.

원을 잡아 늘이면 방향성이 생긴다. 도형 위에서 어떤 물체가 움직인다고 하면 그 방향으로 움직인다든지, 그 방향으로 힘이 가해졌을 것이라고 생각하게 된다. 만화가들이 날아가는 야구공을 그리면 대개 타원형으로 그린다. 바로 타원의 방향성을 보여주는 모습이다. 물론 도형에 변형이 생겼을 때 방향성이 생기는 것은 사각형에서도 마찬가지다. 사각형의 한쪽 방향이 길어지면 도형에 방향성이 생기게 된다. 즉 이 사각형에 화살표를 그려 넣는다면 변이 긴 쪽 방향으로 그리게 된다는 것이다.

원은 외부에 대해서도 배타적이다. 건축에서는 지구본처럼 둥근 건물은 거의 없다. 그러나 원통형의 건물은 곧잘 찾아볼 수 있다. 원통은 원이 지닌 배타성을 고스란히 지닌 형태여서 좀처럼 어울리는 친구를 옆에 세우기가 쉽지 않다. 사회에서는 사람들이 사이좋게 살아야 하고 도시에서는 건물들이 조화롭게 들어서 있어야 한다. 도시가 상자가 아닌 원통으로만 이루어졌다면 도시는 훨씬 더 보기 껄끄러웠을 것이다.

마포타워는 경치 좋은 한강 변에 자리를 잡고 있다. 막힐 것 없이 주위를 돌아가는 한강 쪽 경치를 보게 하겠다는 건축가의 의지는 건물을 둥글게 만들고 거기 띠창을 넣은 것에서 명쾌히 드러난다. 흐르는 강은 도시에서 보기 힘든 거대한 수평선을 이루고 있으니 이를 담을 창도 수평 띠창이 되는 것이 합리적이다. 이런 논리에 의해 만들어진 건물은 건전지처럼 보이기도 한다. 만약 이 건물이 도심에 세워졌다면 옆 건물과 어울리기는 쉽지 않았을 것이다.

사각형이 지닌 공간적 경제성은 포기하지 않으면서 원통이 지닌 특성을 살린 예로 자유센터를 꼽을 수 있다. 여기서 건축가는 원통을 눕혀서 쓰는 아이디어를 생각해냈다. 이 건물의 평면은 일상적인 사각형으로 이루어져 있다. 그러나 이마에 묵직한 원통이 눕혀 걸림으로써 이 건물은 엄청난 중량감을 갖게 되었다.

경치 좋은 한강 변에 자리 잡은 마포타워. 한강 쪽 경치를 180도로 보여주겠다는 건축가의 생각은 건물을 둥글게 만들고 거기 띠창을 넣은 것에서 드러난다.

자유센터에서는 기념비적 건물을 만들겠다는 건축가의 의지가 보인다. 거대한 원통을 머리에 이고 선 건물은 한 치도 움직이지 않겠다고 버티는 듯하다.

각기둥과 원기둥

오히려 건물 내부에서는 원통을 쉽게 찾아볼 수 있다. 바로 기둥이 그것들이다. 우선 사각기둥과 비교해보자. 사각기둥은 그 옆에 벽을 붙이기도 쉽다. 한 변의 길이를 늘이거나 줄여도 그다지 문제가 될 것 같지 않다. 사람이라고 치면 대단히 고분고분하고 양순한 사람이라고 할 수 있다. 그러나 기둥이 원통형이 되면 기둥들이 제 목소리를 갖게 된다. 고집이 세고 타협이라고는 모르는 사람으로 바뀌는 것이다. 옆에 벽이라도 붙일 생각을 하면 원기둥들은 자기는 건드리지 말고 옆에 따로 세우라고 퉁명스럽게 이야기할 것이다.

고층 건물의 사무실 내부에는 기둥 옆에 책상도 놓고 칸막이를 붙이기도 한다. 사각기둥이 사용되는 것은 거의 이견이

없는 선택이다. 그러나 세상에는 비둘기파뿐 아니라 가끔 매파
도 필요하다. 건물 로비가 그런 부분이다. 우리는 로비의 각 부
분들이 흐트러짐 없이 당당하고 완결된 모습으로 보여야 한다
고 생각한다. 로비는 건물의 첫인상이기 때문이다. 많은 건축
가들이 유독 로비에는 원기둥을 사용하는 이유가 여기 있다.

교보강남타워의 건축가는 로비 전면부의 기둥이 구조재
를 넘어서 중요한 조형물이 되기를 원했을 것이다. 구조적으로
요구되는 크기보다 커진 기둥은 그 사실을 숨기지 않으면서 주
변의 벽체를 배경으로 부각되는 독특한 모양을 하고 있다.

원기둥은 우리의 전통 건축에서 그 의미가 더욱 각별했
다. 아예 여염집에서는 원기둥을 사용하지 못하도록 하였다.
제대로 지켜진 원칙은 아니어도, 원기둥을 사용할 수 있는 건

교보강남타워 전면부에 띠를 두르고 서
있는 기둥들. "나는 나다"라고 똑 부러
지게 이야기하는 듯하다.

부석사 무량수전(왼쪽)과 세종문화회관
(오른쪽)의 배흘림기둥.

물은 공공건물로 국한되었다. 이처럼 원통의 배타성은 건물의
위계나 권위를 표현할 때 동원되기도 하던 수법이다.

　선조들은 원기둥을 사용하는 것만으로는 하나하나의 기
둥이 공간 속의 독립된 존재임을 강조하는 데 부족하다고 생각
했던 모양이다. 원기둥은 아주 긴 원통을 필요한 길이만큼 토
막토막 잘라내어 사용한 모습으로 보이기도 한다. 그래서 선조
들은 기둥의 중간을 불룩하게 하는 배흘림을 주기도 하였다.
이들은 기둥이 긴 원통을 적당히 잘라낸 것이 아니라고 이야기
한다. 석재 가공의 작업량을 줄여주기도 하는 배흘림기둥들은
길이까지도 그 위치에 꼭 맞게 재단된, 극도로 자족적인, 그리
하여 기둥으로서 완결된 모습을 보여준다. 세종문화회관의 외
부 열주 기둥들도 이 배흘림을 고스란히 적용한 예다.

형태에 관하여

시내를 오가다보면 순간적으로 눈에 들어오는 형태를 한 건물들이 많다. 그리고 이들은 쉽게 기억된다. 그에 따라 뭔가 복잡하고 이상한 형태의 조합을 해놓은 건물들을 우리는 쉽게 화제에 올리곤 한다. 그러나 건물을 단지 겉모양만 보고 판단하는 것은 사람을 겉만 보고 판단해버리는 것과 마찬가지다. 감상이라고 하기 어렵다.

시끄러운 음악이 훌륭한 음악이라고 할 수 없는 것처럼 요란한 형태를 지닌 건물이 꼭 훌륭한 건물이라고 할 수도 없다. 30초도 되지 않는 시간 안에 우리의 기억 속에 들어오겠다고 아우성을 치는 광고와 30년을 그 자리에 버티고 서 있는 건축은 분명히 다른 존재 의미가 있다. 겉보기에 별 볼 일 없는 듯해도 만나 이야기해보면 신선한 느낌을 주는 사람들이 있다. 언뜻 보기에 무덤덤한 듯하나 꼼꼼히 뜯어보면 점점 더 많은 이야깃거리가 발견되는 건물들도 있다. 우리가 찾아내고자 하는 건물들이 바로 그런 건물들이다.

도시는 활력 있고 상쾌해야 하나 방송 광고처럼 시끄럽고 분주할 필요는 없다. 떠들썩하지 않아도 차분하게 이야기를 늘어놓는 건물들을 찾아 나서보자.

그릇은 속이 비어야
가치가 있거늘

건축이 조각과 다른 점은 무엇일까? 제법 고심한 후라야 대답할 수 있는 질문이기는 해도 일단 그냥 생각나는 대로 대답해 보자. 건물은 덩치가 크고 조각은 작다. 물론 건물보다 더 큰 조각도 있다. 그래도 일반적으로 건물은 조각보다 크다. 크면 얼마나 큰가? 훨씬 크다. 건물은 사람이 그 안에 들어가서 돌아다닐 수 있을 정도로 크다.

건축과 공간
사람이 그 안에 들어갈 수 있다는 것은 건축을 구성하는 아주 중요한 사실이다. 공간을 건축의 핵심적인 요소로 만드는 것이다. 조각에서도 공간이 주된 아이디어로 거론되는 경우가 있기는 하다. 그러나 공간을 다루었다는 것이 조각에서는 아이디어가 될 수 있어도 건축에서는 아이디어가 아니다. 너무도 당연한 내용이어서 아무도 주목하지 않는다.

건축가들도 멋있는 말을 좋아하고 이를 인용하기 좋아한다. 묵직한 사람이 남긴 말이라면 더 좋다. 노자老子의『도덕경』11장은 건축가들이 가장 많이 인용하는 글귀다.

三十輻共一轂　當其無有車之用
埏埴以爲器　當其無有器之用
鑿戶牖以爲室　當其無有室之用
故有之以爲利　無之以爲用

서른 개의 바퀴살이 바퀴통에 연결되어도
비어 있어야 수레가 된다.
찰흙을 빚어 그릇을 만들어도
비어 있어야 쓸모가 있다.
창과 문을 내어 방을 만들어도
비어 있어야 쓸모가 있다.
그런 고로 사물의 존재는
비어 있음으로 쓸모가 있는 것이다.

여기서 노자의 일깨움이 건축 강론을 위한 것은 물론 아니었다. 그러나 공간의 의미에 대한 정확한 지적은 동서양의 건축가들이 틈나는 대로 곱씹어보는 내용이다. 분명 공간은 건축을 구성하는 가장 중요한 요체이고 건축가들이 무게를 실어

초파일의 연등이 마당을 내부 공간으로 바꾸고 있다. 여기 햇빛이 비치면 진정 봉축해야 할 시간이 다가왔음을 느낄 수 있다.

내놓는 어휘로서 자리 잡고 있다. 특히 현대에 들어서면서 공간은 건축의 가장 중요한 이슈로 전면에 부각되기 시작하였다.

지붕과 바닥

선이 모여 도형을 만들면서 평면을 한정하듯, 벽이 사방을 둘러싸면 공간은 완전히 한정된다. 물론 벽만 있고 지붕이 없는 경우는 주위에서 쉽게 찾아보기 힘들다. 한옥의 마당 정도를 생각할 수 있겠다. 오히려 벽이 없이 지붕만 있는 예는 더 쉽게 찾아볼 수 있다. 지붕만으로도 공간은 규정된다. 초등학교 운

이 부분을 주의하여 보자.

주한 프랑스 대사관(위)과 연세대학교 루스채플(아래). 두 건물 모두 지붕이 과장되게 강조되어 있다. 주한 프랑스 대사관은 지붕이 닿는 부분의 기둥을 더 얇게 만들어서, 루스채플은 기둥의 수를 줄여서 지붕이 떠 있는 듯이 보이게 하겠다는 의지를 표현하고 있다.

지붕을 받치는 기둥이 여기 있다.

김해 수로왕릉 안향각 앞마당. 한국 최대 족보의 고향이다 보니 제사 때 각자가 서 있어야 할 공간은 이처럼 바닥에 표현되어 있다.

동회 때 학교 운동장에 치던 차일, 초파일이면 대웅전 앞마당 가득히 걸리는 연등들도 지붕만 가지고 공간을 한정하는 예가 될 것이다. 원두막도 그렇다고 할 수 있다.

　우리의 옛 건물에서 보듯 지붕은 건물의 외관상 벽보다 훨씬 중요하다. 현대의 건축가들도 지붕을 단지 눈비를 막는다는 기능적 요구치 이상으로 확대하여 인상적인 건물을 만들어 내기도 한다. 지붕이 강조된다면 짓누르는 듯한 것보다는 허공에 떠 있는 듯한 것이 제맛이다. 그래서 이런 경우 지붕을 받치는 부재로는 한옥들이 그렇듯이 벽보다는 기둥을 많이 사용한다. 벽은 지붕을 가볍게 받치고 있다는 느낌보다는 붙들어 잡고 있다는 느낌을 주기 때문이다. 그리고 밤에는 유독 지붕에만 조명을 켜는 건물도 있다. 지붕을 받치는 부분을 어둠 속에 묻어둬서 지붕이 허공에 부유하는 듯이 보이게 하겠다는 것이 여기에 깔려 있는 아이디어다.

과연 무엇을 볼까

광주 사직공원의 사직단. 제사는 국가
의 전망과 관련 있다고 믿던 시절이니
제사의 공간은 신성하게 구획되었다. 단
아래는 땅이어도 단 위는 하늘이다. 땅
은 다시 담으로 세상과 구분되었다.

공간이 꼭 벽과 지붕으로 이루어질 필요는 없다. 도식적
으로 벽과 지붕을 이용하여 만들어진 공간은 오히려 더 무미건
조할 수도 있다. 단壇만으로도 공간이 구획된다. 단으로써 공
간을 구획할 때도 벽의 높이와 공간의 분할 관계에서 거론되었
던 내용이 적용된다.

단의 높이에 따라 단 위의 공간과 아래의 공간은 강하게,
혹은 약하게 분리된다. 사찰에 가면 대웅전은 유독 높은 기단
위에 앉아 있는 것을 볼 수 있다. 우리의 고건축은 기본적으로
모두 기단을 가지고 있다. 그래도 대웅전 기단은 유독 높다. 때
로 그 높이는 우리의 키를 넘어서기도 한다. 벽 높이가 그랬듯
이 단에서도 공간 구분의 가장 중요한 분기점은 그 높이가 우
리의 눈높이보다 높아지는 시점이다. 기단의 높이를 통하여 대
웅전은 우리가 서 있는 속세와 근본적으로 다른 세상에 있음을
이야기한다.

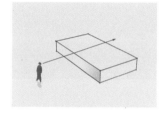

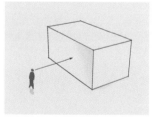

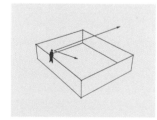

국립현대미술관 서울관의 마당. 지하로 들어가야만 했던 미술관에 빛을 들여보내는 도구이자 네 면이 둘러싸인 전시 마당의 역할을 한다. 내려다보게 되는 공간이니 이 공간의 얼굴은 바닥 면이다.

땅을 파면 한꺼번에 바닥과 벽이 생긴다. 따라서 단을 높여서 만드는 것보다 훨씬 더 한정적인 공간을 만들 수 있다. 도심의 대형 건물들 주위에는 이처럼 땅을 파서 만든 공간, 즉 건축가들이 선큰가든sunken garden이라고 부르는 것이 있다. 이 공간은 적어도 자동차들이 점거하고 있는 가로街路와는 구분된다는 점에서 도시의 오아시스로 여겨질 만한 잠재력이 풍부한 곳이다. 선큰가든은 화재가 났을 때 계단보다 훨씬 쉽게 탈출할 수 있는 통로도 된다. 그리고 이를 적극적으로 설계하면 어둡게만 여겨질 지하 공간을 또 다른 지상층처럼 만들 수 있다.

과연 무엇을 볼까

공간의 크기

미술관에 가면 가끔 커다란 캔버스에 빨강, 노랑과 같은 색만
가득 칠해놓은 그림을 마주치게 된다. 굵은 붓질 몇 번으로 끝
낸 그림도 있다. 이런 그림들이 지니는 생명력은 분명 그 시원
시원한 크기에 있다. 그리고 그 그림들이 유명하다는 이유만으
로 미술 화보에 사진으로 실렸을 때 무미건조해지는 것 또한
가장 큰 힘인 '크기의 위력'을 잃어버렸기 때문이다. 사람 키만
한 붓을 굴리면서 그린 그림과 젓가락만 한 붓을 손끝으로 잡
고 그린 그림 사이에는 분명 필력이 지닌 맛의 차이가 있다.

　　대체로 사람들은 커다란 규모에서 압도적 힘을 느끼곤 한
다. 때로는 크기만으로도 감동적일 수 있다. 밤하늘 가득 쏟아
질 듯이 뿌려져 있는 별들이 주는 감동은 테두리 없이 하늘을
꽉 메운 압도적인 스케일을 빼고는 이야기할 수 없다. 높은 산
위에 올라가면 일망무제로 발아래 펼쳐지는 경치의 장대함이
우리를 감동시킨다. 바다에서는 한눈에는 들어오지도 않는 수
평선의 아득함이 우리를 감동시킨다. 이집트의 피라미드, 멕시
코의 피라미드가 그처럼 감동적인 이유는 그 모양이 아니라 크
기 때문이다. 인간의 근육에 의해 그 수많은 돌이 운반되었다
는 사실, 그 구조물을 만들기 위하여 뿌려졌을 노예들의 피와
땀이 우리를 감동시키는 것이다.

　　물론 무작정 큰 건물과 공간이 좋다는 것은 아니다. 큰 목
소리를 지녔다는 사실과 말을 잘한다는 사실 사이에 별 연관
관계가 없듯이 공간의 크기만 가지고 가치를 이야기할 수는 없

'인간이 신이 된 곳'이라는 의미를 가진
도시. 테오티우아칸Teotihuacán에 있는 피
라미드. 밑변의 길이가 200m가 넘는 돌
산을 만들 생각을 한 상상력도 대단하고
실제로 만들어낸 추진력도 대단하다.

다. 작고 내밀한 공간이 주는 의미는 결코 간과될 수 없다. 한때 이 땅에 세워지는 구조물의 가치를 재는 중요한 척도로 '동양 최대', '세계 최대'라는 수사가 있었다. 그러나 그 구조물들이 근본적인 완성도를 갖추지 못했을 때 갖는 무의미함은 적지 않은 예를 통해 이미 입증되었다.

무릇 고수들은 잔손질을 하지 않는다. 일격에 하고자 하는 이야기를 끝내야 제자들의 입을 떡 벌어지게 만들 수 있다. 훌륭한 화가들은 굳이 잔 붓질을 하지 않고 몇 번의 손놀림으로 그림을 끝낸다. 자질구레한 것들을 이것저것 늘어놓는 것보다 큼직한 것을 한 번에 펼쳐 보이는 것이 더 시원스럽다. 크기의 문제는 그런 점에서 거론되는 요소다.

공간의 크기는 당연히 무엇을 기준으로 보느냐에 따라 상대적일 수밖에 없다. 세상 모든 이가 '떠다니는 섬'이라고 하는 항공모함도 막상 착륙을 하여야 하는 비행기 조종사들의 입장에서는 손바닥만 하다고 표현될 것이다. 공간의 크기에서 핵심은 공간의 크기를 느낄 만한 단서가 주어져야 한다는 것이다. 가령 올림픽 주경기장은 우리가 안에 들어가본다고 해도 그 크기를 짐작하기는 어렵다. 익숙히 알고 있는 크기의 소재들이 주위에 보여야 우리는 추론하여 그 크기를 짐작할 수가 있다.

몇 번의 거친 붓질로 김명국은 〈달마도〉를 완성하였다. 고수가 붓을 휘두르는 시간은 잠시인 듯하지만 그런 붓질을 할 수 있기까지 그가 들인 시간은 짧지 않다.

공간의 크기를 재다

건물의 크기, 공간의 크기를 알려주는 가장 훌륭한 기준은 바로 사람이다. 우리들은 일상사를 통하여 사람의 크기를 대체로 머

창덕궁 인정전의 옥좌를 들여다보려고
모인 사람들. 여기서 인정전의 크기는
사람의 크기를 통해 파악된다.

릿속에 새겨두고 있다. 건축가들은 투시도를 그리고 모형을 만들 때 반드시 사람을 그려 넣고 자동차를 만들어 넣는다. 투시도와 모형에 생동감과 사실감을 준다는 의미도 있지만 가장 중요한 건 건물의 크기를 알려주는 것이다. 건축가들이 찍는 사진 역시 마찬가지다. 건물 사진은 인물 사진을 찍을 때와는 좀 다른 조건을 필요로 한다. 쾌청한 하늘과 강한 햇빛이 첫손에 꼽히는 것이겠으나 막상 찍을 때 주의해야 할 점은 건물의 크기를 알려줄 만한 기준들이 파인더finder 안에 들어가야 한다는 것이다. 물론 가장 쉽게 찾을 수 있는 기준은 행인들이다.

　　시내를 돌아다니면서 사람들의 크기를 관찰해보자. 사람과 건물의 크기를 비교하면 사람들이 비할 바 없이 작음을 느

끼게 될 것이다. 그럼에도 불구하고 우리는 그 건물들이 그다
지 크다고 느끼지 않는다. 그 이유는 이미 건물 크기에 대해 어
느 정도 판단 기준이 서 있기 때문이다. 물론 이 판단 기준은
생활에서 만들어지는 것이다.

　우리는 도시 경관의 크기, 건물의 크기, 실내 공간의 크기
를 재는 데 각기 조금씩 다른 잣대들을 지니고 있다. 실내 공간
에서 비교적 크게 느껴지는 요소들도 건물의 크기로 재기 시작
하면 어처구니없이 작은 경우를 많이 볼 수 있다. 반대로 실내
공간에 건물의 크기에 적당한 요소를 집어넣으면 그 크기가 엄
청나게 부풀려져서 느껴지곤 한다.

　사람을 하나 그려보자. 그리고 그 옆에 나무를 또 그려보

임진왜란 이전부터 저 자리에 서 있었
다는 나무. 그 세월의 깊이를 알려면 왼
쪽 구석의 벤치에 앉은 사람을 찾아보
면 된다.

자. 깨달음을 구하는 싯다르타의 머리 위에 그늘을 만들어주던 보리수라도 좋다. 철갑을 두른 듯 남산 위에 서 있는 소나무라도 좋을 것이다. 다 그렸으면 밖의 나무들을 보자. 아마 나무들이 생각보다 크다는 점을 깨달을 수 있을 것이다.

기본적으로 나무는 건물 내부가 아닌 가로나 자연의 스케일을 가지고 있다. 그리고 우리는 사람의 크기에 맞춰 나무를 그린 것이다. 따라서 건물의 로비와 같은 실내에 나무를 하나 심으려고 하면 아주 아담한 크기의 나무를 골라야 한다. 그래야 그 공간의 크기에 적합한 구도를 얻을 수 있다. 방 안을 살펴보자. 고속버스 터미널 대합실에 놓인 텔레비전을 방 안에 들여놓으면 괴물이 된다. 이처럼 적당한 크기의 감을 잡아나가는 것은 건축가들이 갖추어야 하는 덕목의 하나다.

공간의 비례

우리가 사는 방, 거실은 집집마다 그 크기가 거의 비슷하다. 아파트가 특히 그렇다. 법규로 제한되는 건물 최고 높이 한도 안에서 한 층이라도 더 집어넣어야 장사가 된다는 상업 자본주의적인 기준은 한국 주거 시장에서 가장 강력한 지침이다. 그리고 그 지침이 갈수록 힘을 더해가는 것이 현실이다. 한 층의 높이, 즉 층고層高가 낮을수록 당연히 재료비도 적게 든다. 이런 조건하에서 우리가 사는 아파트 방의 천장 높이는 집집마다 거의 10센티미터 차이도 나지 않고 통일되어 있다.

사무소 건물도 예외는 아니다. 건물 소유주가 입주하는

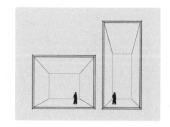

건물의 경우에는 면적과 층고에 좀 여유가 생기기도 한다. 그러나 임대를 목적으로 하는 사무소 건물일 경우에는 법규가 허용하는 높이 내에서 한 층이라도 더 끼워 넣으라는 요구는 변함이 없다. 그래서 건축가들은 천장 높이를 정할 때 5센티미터를 가지고도 골머리를 앓는다. 바로 이 엄지손가락만큼의 높이가 만만히 볼 수 없는 느낌의 차이를 주기 때문이다. 천장 높이는 공간의 인지에서 가장 중요한 변수다.

공간의 높이는 물론 그 공간이 어느 정도의 넓이와 폭을 지녔는지에 따라 달리 느껴지고 정해진다. 건물의 평면에 비해 높이가 높은 예로 가장 극단적인 것은 고딕 시대에 유럽에 지어진 성당들이다. 고딕 시대는 종교가 사회를 지배하고 신의 이름으로 무엇이든 행할 수 있던 시대였다. 이때에 하늘을 향해 솟아오르려는 의지는 현대 사회에서는 좀처럼 상상하기도 어려울 정도의 사회적 에너지를 결집하였고, 그 결과 요즘 수준으로도 상상을 초월하는 건물을 만들어냈다.

다소 광적인 이런 의지는 파르테논 신전을 만들던 사람들이라면 납득하기 어려운 수평 대 수직의 비례를 갖는 공간을 만들어냈다. 아무리 달리 재도 황금 분할로는 해석되지 않는 건물들이 탄생한 것이다. 그리스 시대의 문명을 본받아야 할 지고의 가치로 믿던 르네상스 시대의 이탈리아 사람들이 당연히 이 이상한 문화를 곱게 볼 리 없었다. 그래서 그 이름도 오랑캐 고트족의 추악한 문화라는 의미에서 '고딕'이라고 붙여졌다.

이처럼 예외적인 수직 공간 비례는 그만큼이나 기이한 평

왼쪽) 프랑스 파리의 노트르담Notre Dame 성당. 돌을 쌓아 이런 구조물을 만들 수 있는 가능성이 인류 역사에 다시 있을 것 같지 않다.

사진제공 | 정성원

오른쪽) 독일의 퀼른Köln 성당의 내부 공간. 1:3.8에 이르는 수평과 수직의 공간 비례는 고딕 양식의 성당 중에서도 가장 큰 것이다.

사진제공 | 이영범

면의 비례에 의해 더욱 드라마틱하게 강조된다. 당시 교회 건물은 '백성들의 성서'였다. 글을 읽을 수 있는 사람보다 그렇지 않은 사람들이 더 많던 시대이다 보니 건물 자체는 성서의 이야기를 회화적으로 해설하는 거대한 책이어야 했다. 그리고 건물은 전체에서 구석구석에 이르기까지 모두 흐트러짐 없이 교리 내용을 해설하고 상징해야 했다. 성당의 평면이 십자가의 형상을 닮은 것은 그래서 의미심장하고도 당연하였다. 덕분에

과연 무엇을 볼까

성당은 길쭉하게 만들어졌다. 그리고 신도들은 그 끄트머리로 출입하게 하였다. 성당 입구에 들어섰을 때 사람들은 수직으로 팽창된 공간의 비례를 고스란히 느낄 수 있다. 그리고 까마득한 건너편에 제대祭臺가 빛나는 것을 볼 수 있다. 만일 이 성당들의 평면이 정사각형에 가까운 것이었다고 하면 이렇게 빨아들이는 듯한 공간감을 전달할 수 없었을 것이다.

이 기다란 공간은 방향감을 가지고 있다. 이 방향감은 터널 벽에 병렬로 붙어 있는 조명 기구들이 그렇듯이 내부에 기둥이 반복됨에 따라 더욱 강조된다. 이를 제대를 향한 속도감이라고 표현하는 이들도 있다. 이 방향감은 입구에서 사람들의 시선을 제대에 묶어두는 공간적인 장치가 된다. 여기서 사람을 압도하는, 하늘을 향한 공간감은 천장을 향하여 뻗어나간 기둥들로 더욱 강조된다.

이처럼 극한까지 추구된 공간의 비례는 체육관, 강당을 통하여 커다란 공간에 비교적 익숙해진 현대인들에게도 인상적이기만 하다. 덕분에 고딕 성당은 도시마다 가장 중요한 관광지로 자리 잡고 있다. 이런 성당들이 13~14세기의 민초들에게 준 충격은 가히 상상을 초월할 정도였을 것이다. 고딕 성당은 사회의 이념이 건물 구석구석에 총체적으로 표현된 보기 드문 건축 양식이다. 그래서 이를 빼놓으면 서양의 건축사를 해설하기가 아예 힘들어진다. 또한 역사적인 관점이 아니더라도 동서양을 막론하고 현대 건축가들이 여전히 마음속에 심어놓고 연구하는 과제들이다.

기둥에 나 있는 골들은 수직적 공간감을 강조한다.

결혼식이 진행되고 있는 명동성당. 유럽의 고딕 성당에 비하면 높이에 비해 폭이 넓어 하늘로 솟구치는 장엄한 맛은 덜하다.

주변 공간의 비례

고딕 양식은 19세기 조선에까지 전파되어 명동성당으로 표현되었다. 명동성당은 프랑스인 코스트Eugene Jean Georges Coste 신부의 설계로 1898년 완성되어 건축사보다 오히려 정치사에서 우리 근대사의 한 부분을 서술하는 대명사가 되어왔다. 명동성당은 격동기의 제한된 생산력에 의하여 훨씬 적은 재료로, 또 훨씬 작은 규모로 이루어졌다. 그러나 적어도 고딕 성당의 공간 비례는 충분히 느낄 수 있는 건물이다.

우리 주위에서 발견할 수 있는 공간들 중 건축가들이 그 비례를 가지고 고민해야 하는 부분은 사실 많지 않다. 관공서나 사무소 건물의 로비가 그나마 건축가들이 공간의 비례를 놓고 이야기하는 부분이다. 로비는 조금이라도 작게 만들면 도시의 스케일을 가지고 걸어다니던 사람들이, 즉 가로의 크기 감각을 아직도 지닌 사람들이 들어섰을 때 상대적으로 답답하게 느낄 수 있다. 그래서 건축가들은 공간의 낭비가 좀 있다 하더라도 로비만은 될 수 있으면 시원한 모습을 갖도록 만든다.

여기서 다시 이야기되는 것은 로비의 공간 비례다. 같은 높이를 갖는 로비라고 하더라도 그 넓이의 차이에 의해 좀 더 시원하게 강조될 수도 있고 그렇지 않을 수도 있다. 물론 공간

크기와 비례 판단은 거듭 거론하건대 주관적인 것이다.

　비례가 좀 특이한 공간으로는 교보생명 사옥의 후면 로비를 들 수 있다. 이 공간은 일반적인 경우처럼 약 4층 정도의 높이로 로비치고는 절대 높이가 그리 높은 곳은 아니다. 그러나 평면상 성당처럼 길쭉한 비례를 가지고 있어 그 높이가 강조되었다. 공간을 수직적으로 만들겠다고 하면, 끼어들어가는 소품들도 이 아이디어에 적합하여야 한다. 여기 나무를 심는다면 어떤 나무를 심을까? 우리는 당연히 대나무를 떠올릴 것이다. 그리고 이 건물의 건축가도 거기에 동의한 것 같다.

왼쪽) 교보생명 사옥의 후면 로비는 진입 방향과 공간의 방향이 직교되게 만들어졌다. 그래서 특별히 궁금한 게 없어도 들어가면서 자꾸 갸웃거리며 위를 보게 된다.

오른쪽) 한국종합무역센터 전시장의 로비는 진입 방향과 공간의 방향이 같다. 들어서면 전체 구조가 파악되면서 자신이 어디 있는 에스컬레이터를 타야 하는지 쉽게 알 수 있다.

평범하기만 한 지하철역. 그런 만큼 기다리는 시간은 지루하다. 승객 입장에서 이 공간을 바꾸는 데 필요한 것은 상상력뿐이다.

공간의 비례에 관한 실험은 그리 어려운 것이 아니다. 누구나 조금만 심심하면, 그리고 약간의 상상력만 있으면 얼마든지 할 수 있다. 지하철역에서 열차를 기다리다가 좀 따분하다 싶으면 한번 지하철역을 달리 디자인해보자. 건너편 승강장과의 사이가 기둥으로 분리되어 있는 역을 생각하자. 이 기둥들이 없다고 쳐보자. 물론 이들은 지상에서부터 축적되는 엄청난 토압土壓을 이겨내기 위하여 서 있어야 하지만 상상이니까 역이 무너지는 걱정은 하지 않아도 된다. 기둥이 없으면 그 공간은 전혀 다른 비례의 시원한 공간이 될 것이다. 그리고 건너편 승강장에 서 있는 사람들도 같은 공간 안에 서 있는 것처럼 느낄 수 있을 것이다. 우리가 사는 방의 크기도 늘였다 줄였다 해보자. 천장도 두 배로 높여보자.

과연 무엇을 볼까

창

공간의 크기와 비례가 정해졌으면 이제 여기 창을 내야 할 때
가 되었다. 선승禪僧 같은 자세로 건물을 설계하던 미국의 건축
가 루이스 칸(Louis Isadore Kahn, 1901~1974)이 "공간을 디자인
한다는 것은 빛을 디자인하는 것"이라고 단정 지어버릴 만큼
빛은 공간에서 중요한 존재다. 그러므로 공간에 빛을 제공하는
창은 또 얼마나 중요한 것인지 짐작할 수 있다.

　　공간에 들어오는 빛은 창이 어느 방향을 향하고 있는지,
벽의 두께가 어느 정도나 되는지, 창에 쓰인 유리는 어떤 종류
인지 등의 다양한 변수와 함께 변화한다. 실내에 빛이 가장 많
이 들어오는 창은 지붕에 난 창, 즉 천창이다. 자동차라면 선루
프라고 보면 된다. 천창은 우선 빛의 양이 충분할 뿐 아니라 공
간을 수직적으로 확장한다는 의미에서 공간 구성상 아주 매력
적인 요소임에 틀림없다. 하지만 빗물 처리, 청소 같은 구체적
인 문제 때문에 실제로 주택에서는 쉽사리 사용되지 않는다.
아파트와 같은 집합 주거 형식에서는 더욱이 생각하기 어려운
모습이기도 하다. 그러나 천창 하나가 바꾸어놓는 공간감은 한
번 경험해본 사람이라면 쉽게 포기하지 못한다. 선루프가 있는
차를 타던 사람은 새 차를 사도 한사코 선루프가 있는 걸 사려
고 한다.

　　벽에 창을 낸다면 문제는 방향이다. 경치가 제일 좋은 쪽
으로 창을 낸다는 원칙이 받아들여지는 나라도 있다. 그러나
우리나라에서는 햇빛을 면한 향이 더 중요한 변수로 자리 잡고

창과 천장이 이어진 문추헌. 천창이 없었으면 이런 빛이 들어올 수 없다.

있다. 당연히 남향은 북향보다 훨씬 많은 빛을 실내에 들여보내준다. 우선 남향은 난방과 조명 에너지의 절감이라는 측면에서 물리적으로 많은 장점이 있다. 여기에 항상 태양을 바라볼 수 있다는 심리적 안정감까지 더해진다. 그러니 시인까지도 건축가의 의견을 물을 것도 없이 "남으로 창을 내겠소"라고 단호하게 이야기하게 되었다.

햇빛이 필요하기는 민가나 궁궐이나 마찬가지다. 특히 상징적으로 깊은 의미를 찾아 건물이 배치되어야 하는 궁궐은 거의 예외 없이 남향의 원칙이 지켜지고 있다. 후한 시대 이후 중국에서 지켜지면서 덩달아 조선 시대의 궁궐과 종묘사직의 배치까지 규정하던 북좌남향北坐南向, 즉 임좌병향壬坐丙向이 바로 그 내용이다.

향이 곧 집의 가치와 등가로 인식되기까지 하는 상황은 한국의 아파트가 군대에서 설계한 것이라고 해도 믿어질 정도로 일사불란하게 한 방향을 향하도록 만들었다. 그리고 이는 도시 경관이라는 측면에서 극복해야 할 첫 번째 요소로 거론되곤 한다. 강변에 위치했다면 강을 향한 경치를 무시할 수 없을 것이라는 일반적인 생각에도 불구하고, 막상 한강 남단에 세워진 아파트들을 보면 강을 등지더라도 향은 집요하게 남쪽을 면하고 있음을 볼 수 있다.

물론 모든 창문이 남쪽으로만 나야 하는 것도 아니고 그럴 수도 없다. 이제는 냉난방 문제가 주택에서 덜 부담스럽게 받아들여지는 시대가 되었다. 생존보다는 품위 있는 생활이 강

1970년대에 지어진 잠실 시영아파트. 밖에 보이는 경치를 이야기하는 것은 사치였고 값싼 주택을 빨리 지어 많이 공급해야만 하던 시대의 흔적이다. 이 흔적은 이제 경치가 더 중요한 시대에 걸맞게 재건축 대상이 되었다.

조되면서 향보다는 경치가 더 중요하다고 광고하는 아파트의 분양이 시작되었다. 주상복합 아파트가 이 변화를 주도했다. 택지 부족 때문에 상업 지역에도 아파트를 짓는 방안으로 들어서기 시작한 주상복합 아파트는 비싼 땅값만큼 고층으로 올라가야 했다. 그러기 위해서는 기존의 남향 판상형板狀形 아파트로는 건물을 만들 수가 없었다. 결국 탑상형塔狀形 아파트가 설계되고 현란한 광고와 사회 인식의 변화는 남향보다는 좋은 경치가 더 중요한 가치라는 데 동의하기 시작한 것이다.

북향에서 받는 빛의 양은 남향만큼 많지 않다. 그러나 실내로 들어오는 빛이 항상 산란광散亂光이고 그 양도 거의 일정하다는 장점이 있다. 그러다 보니 일정하고 풍부한 산란광이 필요한 미술관은 창이 대개 북쪽을 향하고 있다. 이 점은 공장도 마찬가지다. 우리가 공장의 상징처럼 알고 있는 지붕의 톱날 모양 창들은 모두 그 유리 면이 북쪽을 향해 있다. 사무용 건물에서는 겨울철 난방보다 여름철 냉방에 더 많은 에너지가 소모된다. 따라서 직사광선의 실내 유입이 적극적으로 차단되어야 하고, 이를 위한 근본적인 해결책으로 북향이 선호되기도 한다. 상점의 경우에도 진열장에 들이비치는 직사광선은 제품의 보존에 그다지 좋을 것이 없다. 거리의 남쪽에 자리 잡되 북향을 한 상점을 더 선호하는 이유가 여기 있다.

동향과 서향은 아침, 저녁에 해가 실내로 지나치게 깊이 들어오는 문제가 있다. 물론 따사로운 아침 햇살과 장엄한 낙조를 무시할 수는 없다. 그러나 오전, 오후의 냉난방 부하 차이가 워낙 커서 첫손에 꼽는 선택은 아니다.

LS 용산타워는 모양이 독특하기로 유명한 건물이다. 얼핏 보기에 자유분방하기만 한 이 외관은 법규와 일사日射 문제의 해결이라는 다분히 합리적인 사고의 결과물이다. 창의 구성도 그만큼이나 합리적이다. 이 건물의 외관을 뜯어보면 동서쪽을 면한 창문이 남북쪽을 면한 창문들보다 작다는 걸 쉽게 발견할 수 있다. 아침과 저녁 시간에 실내로 깊이 들어오는 일사를 최소화하여 냉난방 부하량을 일정히 하겠다는 의지가 표현되어 있는 것이다. 이 변화는 일단 건물의 각 면을 서로 다르게 하여 그 외관을 강조해주는 역할을 하기도 한다. 건물의 독특한 모양을 강조하겠다는 의지는 여기서 그치지 않는다. 건물 모서리

이렇게 꺾인 각도는
법규의 제약에 의한 것이다.

이 면이 남향이어서
유리창의 크기가 더 크다.

울퉁불퉁한 모서리를
강조하고 있다.

LS 용산타워는 법규상의 제한과 건물이
면한 방향에 의해 형태가 결정되었다.
자유분방해 보이는 이 건물의 형태는
상당 부분이 논리적 계산의 결과물이다.

에 더해진 커다란 창 덕분에 그 울퉁불퉁한 외관은 최대한 강
조되고 있다.

공간의 모임

공간이 단지 그 크기나 비례의 문제만으로 이야기되는 것은 아
니다. 주위 다른 공간과의 연결 방법, 사용한 재료와 질감의 문

제 등 많은 변수를 가지고 있기 때문이다. 공간들은 벽으로 둘러싸여 있지 않더라도 다른 공간과의 관계에 의해 얼마든지 재미있고 음미할 만한 드라마가 생긴다. 공간을 만드는 소재는 다양하고 풍부하다. 그 예와 가능성을 여기서 모두 이야기하려는 것은 한점 한점의 흑백 알이 전개하는 바둑판 위의 현란한 생사를 모두 종이 위에 옮기려는 것처럼, 큰 가치를 찾기도 어렵고 공력만 드는 작업이 될 것이다. 그 다양한 공간의 가능성을 찾아 나서서 음미하는 것은 온전히 독자들의 몫이다.

루이스 칸이 벽돌에게 물었다.
벽돌아, 너는 무엇이 되고 싶으냐?
저는 아치가 되고 싶어요.

짓는 이의
마음

꼼꼼한 거짓말과
허튼 참말

건물을 실제로 짓는다고 하면 선, 면, 공간으로 생각하는 것보다 이야기가 복잡해진다. "무얼 가지고 짓느냐", "어떻게 짓느냐" 하는 질문에 대답을 해야 한다. 재료 없이 우리는 아이디어를 구현할 수 없다.

재료는 디자인의 방향을 규정한다. 유화 붓을 든 사람이 수묵화에 등장하는 선염渲染과 발묵潑墨을 머릿속에 생각할 수는 없다. 재료를 이해하려면 먼저 재료의 물리적 속성을 이해해야만 한다. 그래서 재료는 보기 드물게 많은 부분을 감각보다는 논리로 해설할 수 있는 영역이기도 하다. 재료에 대한 깊은 성찰은 창작을 하는 이가 반드시 갖추어야 할 덕목이기도 하다. 프로와 아마추어를 가늠하는 기준이 되기도 한다. 그리고 그 깊이를 들여다보는 것은 감상에서 빼놓을 수 없는 부분이다.

구축의 맛

바흐의 음악은 건축적이다. 음표 하나하나를 벽돌 쌓듯이 빼곡히 쌓아 올려 만든 위대한 구조물이다. 대칭, 병치, 조바꿈을 화려하게 구사해가며 만들어낸 음악은 음표 하나만 위치를 바꿔도 전체를 다시 조정해야 하는 구조물이다. 건축이 그렇듯이.

음악의 감상은 단순히 멜로디를 따라가는 데 그치지 않는다. 다양하게 동원되는 악기의 음색을 빼놓을 수 없다. 고음에 이른 오보에가 찌르듯이 공간을 파고드는 소리, 저음의 첼로가 활과 현 사이에서 거칠게 긁히며 만드는 소리는 진정한 음악 감상을 이루는 중요한 재료다. 이 맛은 작곡가의 창조적 영감뿐 아니라 연주자의 기량에 의존하는 바가 크다. 이 맛의 감상을 위해 수천만 원짜리 오디오 기기가 오늘도 판매되고 그 맛의 음미 결과로 수많은 연주 평이 존재하는 것이다.

건축의 감상에서도 네모나고 동그란 형태의 관찰은 지극히 기본적인 것에 지나지 않는다. 얼어붙은 음악, 즉 건축을 만든 음색을 음미할 수 있어야 한다. 건축을 이루는 재료가 만드는 독특한 맛과 그 구축 방식의 아름다움을 찾는 것이 건축을 제대로 음미하는 길이다.

건축에서 재료의 선정과 그것을 시공하는 방법의 지정은 건축가의 몫이다. 그러나 실제 공사 현장에서 지정된 재료로 시공하는 사람들은 또 다른 이들이다. 음악이 훌륭해지려면 연주자들의 기량이 받쳐주어야 한다. 건물의 완성도도 공사장에서 실제로 일하는 사람들의 꼼꼼한 장인 정신에 의존한다. 그러나 실제 우리의 공사장에서는 망치만 잡으면 아무나 목수라는 냉소적인 이야기가 횡행한다. 여기에 밤을 새워서라도 빨리지을 수만 있으면 대강 지어도 좋다는 비문화적 입김까지 일상적으로 작용하는 것이 현실이다. 구석구석 꽉 짜인 구축의 아름다움은 한국의 거리에선 그래서 찾아보기 어렵다.

비바람과 사람의 발길이라는 시험대를 통과하여 우리 주위에 남아 있는 건축 재료의 수는 의외로 많지 않다. 인류의 존재와 함께해온 건축의 유장한 역사와 그 지역적 다양성에 비추어보면 이는 손꼽을 만한 숫자다. 주위에서 쉽게 보는 재료들을 하나하나 짚어보자.

벽돌, 쌓음의 의미

우리의 주택가는 붉다. 어둡게 붉다. 벽돌 때문이다. 벽돌은, 특히 붉은 벽돌은 주택을 만드는 재료로서 한국의 도시를 석권하고 있다. 벽돌은 흙을 구워 만드는 재료인 만큼 그 유서도 깊다. "벽돌 두 장을 조심스럽게 올려놓기 시작했을 때 건축이 시작된다"고 이야기하는 건축가가 있을 정도로 벽돌은 건축을 대변하는 위치에 서 있기도 하다.

벽돌 건물을 만들기 위해서는 벽돌을 쌓을 수 있는 조건이 마련되어야 한다. 당연한 이야기 같지만 이를 정리하면 그 조건은 지진이 없고 인건비가 낮아야 한다는 것이다. 한 장씩 차곡차곡 쌓아서 만드는 것이 벽돌 벽이라면 지진이 이 벽을 좌우로 흔들었을 때 생기는 문제는 짐작할 수 있다. 물론 벽돌과 벽

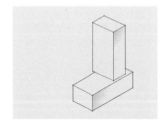

'조심스러움'은 디자인의 첫걸음이다. 벽돌도 '조심스럽게' 쌓아야 디자인이 된다.

왼쪽) 창덕궁 후원의 벽. 이렇게 쌓는다면 '쌓기'가 입신入神의 경지에 이르렀다는 소리를 들을 수 있겠다.

오른쪽) 보여주되 통과는 시키지 않겠다는 이 벽은 시멘트 풀을 '조심스럽게' 묻혀가면서 쌓아야 했다.

돌 사이에는 시멘트 풀cement paste, 즉 건축가들이 모르타르mortar 라고 부르는 것이 채워져 있다. 그래서 우리가 힘껏 민다고 해서 쉬 무너질 정도로 벽돌 벽이 약하지는 않다. 그렇다고 지진에도 견고히 견딜 수 있으리라고는 절대로 생각할 수 없다. 우리나라에도 지진이 아주 없는 것은 아니라는 경각심이 최근에 두루 퍼지고 있기는 하다. 그러나 적어도 아직 벽돌집을 짓지 못할 만큼 심각한 상황으로 인식되지는 않는다.

벽돌은 한 장씩 쌓아야 하는 만큼 이를 감당하기 위해서는 인건비가 낮아야 한다. 우리나라에서도 공사장의 인건비가 많이 올라 벽돌집을 짓는 데 따른 부담이 적지 않다. 그러나 아직도 우리의 공사 현장은 기술집약적이기보다는 노동집약적이다. 공사장에서 가장 쉽게 동원되는 시공 도구는 사람의 손인지라 벽돌은 건물의 크기가 작을수록 손쉽게 선택되는 재료가 되곤 한다.

인건비가 너무 비싸 도저히 건물을 벽돌로 쌓기 어려운 나

공장에서 만들어온 벽돌 벽을 한참 붙이고 있는 어느 고층 건물. 이처럼 붙여서 만드는 벽을 커튼 월curtain wall이라고 한다. 현대의 고층 건물은 대부분 커튼 월로 된 외벽을 지니고 있다.

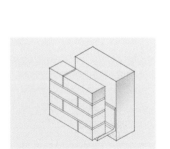

힘을 받는 구조체를 따로 만들고 여기에 의지해서 벽돌을 쌓는 방법이 가장 교과서적인 것으로 이야기되는 경우도 있다.

라도 많다. 그러나 벽돌에 대한 미련을 버리지 못하는 건축가들은 곳곳에 있다. 이 경우에 동원되는 방법으로 콘크리트나 철골로 건물의 뼈대를 만들고 여기에 벽돌을 붙이는 것이 있다. 아예 이 방법이 벽돌 건물을 만드는 정석으로 알려져 있는 나라들도 있다. 어찌 되었건 아직 벽돌은 한국의 건축가들이 마음만 먹으면 무리 없이 사용할 수 있는 재료다. 그리고 이는 투철한 장인 정신이 있으나 지진도 있다는 이유로 쉽게 벽돌에 손대지 못하는 일본의 건축가들이 부러워하는 부분이기도 하다.

벽돌은 쌓는 이가 꼭 한 손에 들기 좋게 크기가 정해졌다. 기중기로 들어 올려야 하는 다른 재료에 비하면 벽돌은 이런 점에서 인간적이다. 우리나라에서 일반적으로 사용되는 벽돌 각 변의 길이는 57×90×190밀리미터이다. 일견 무작위로 정해진 것으로 보일 수 있는 이 치수는 시행착오 끝에 사려 깊게 결정된 것이다. 이 치수들은 세워 쌓거나 눕혀 쌓아도 서로 다른 변의 정수 배가 되도록 결정되었다. 물론 여기서 약 10밀리미터로 계산되는 시멘트 줄눈의 두께가 항상 더해져야 한다.

이 이야기는 벽돌을 애매하게 자르지 않고 벽을 만들 수 있다
는 것이다. 벽돌은 그 하나하나가 생물의 세포처럼 더 줄어들
수 없는 최소 단위로 이해해도 좋을 것이다.

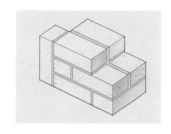

우리 주위의 벽돌은 대개 이렇게 세 변
의 길이가 서로 맞아떨어지는 치수를
갖도록 제작된다.

벽돌 쌓은 건물, 벽돌 쌓은 거리

서울의 동숭동에 가면 꽤 많은 벽돌 건물을 찾아볼 수 있다. 이
일대가 대학로라는 이름으로 불리면서 많은 상업주의 건물들
이 거리를 잠식하고 있기는 하다. 그래도 한때는 차분한 벽돌
건물들이 이 거리의 분위기를 주도하고 있었다. 그 분위기는
김수근(金壽根, 1931~1986)이라는 건축가에 의해서 만들어졌다
고 해도 반박받을 만한 것은 아니다. 물론 이 거리에는 다른 건
축가들이 설계한 벽돌 건물들도 있다. 그러나 그중에서도 유독
일관된 품위를 갖추고 있는 건물들은 대개 이 건축가의 이름으
로 설계된 것이다. 서울대병원 첨단치료개발센터, 아르코 미술
관, 아르코 예술극장, 샘터 사옥 등이 그것이다.

　　한국 벽돌 건물의 대표작이라고 할 수 있는 이것들을 좀
뜯어보자. 이 건물들을 볼 때 느낄 수 있는 첫 번째 특징은 우
선 재료를 잡다하게 사용하지 않았다는 점이다. 건물의 크기를
떠나서 창문의 유리를 제외하고는 건물의 외부가 모두 한 가지
재료로 덮여 있다는 점이 우선 건축가가 지닌 자신감을 보여준
다. 사실 솜씨가 무르익지 않은 요리사가 되는 대로 이런저런
재료와 양념을 쏟아붓는다. 무릇 타이밍과 불 조절에 대한 깨
달음이 없으면 비상한 재료를 쓴다고 한들 범상한 요리를 넘어

왼쪽) 대학로를 대표하는 아르코 예술극
장과 아르코 미술관(위), 샘터 사옥(아래).
한눈에 같은 건축가가 설계하였다는 점
이 보인다. 그러나 벽을 들여다보면 쌓
은 방법에 차이가 있다.

오른쪽) 아르코 미술관의 벽. 튀어나온
벽돌을 갖고 건축가가 이야기하려는 내
용은 빛과 그림자에 의해 강하게 드러
난다.

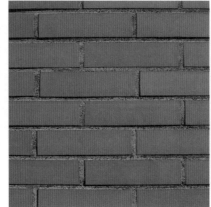

왼쪽) 깊이 줄눈을 파낸 샘터 사옥의 벽. 벽의 입체감이 살아나면서 '쌓았음'을 이야기한다.

가운데) 대학로의 어느 벽돌 벽. 줄눈의 깊이가 없으면 벽돌 무늬 벽지와 크게 다를 바가 없는 벽이 된다.

오른쪽) 오히려 뒤틀리고 터진 벽돌을 골라 쌓았음을 보여주는 춘천어린이회관의 벽.

설 수 없다. 재료 사용의 절제는 비단 건축가뿐 아니라 모든 디자이너들이 원칙적으로는 동의하면서도 막상 구현하기는 어려운 덕목이다.

벽돌의 기본 의미는 쌓음에 있다. 벽돌을 쌓아서 벽을 이루는 것은 그림으로 바꿔 생각하면 점을 찍어 화면을 채워나가는 것에 비유될 수 있을 것이다. 지금 우리가 점묘파라고 부르는 19세기 프랑스 화가들이 그린 그림을 보면 우선 보는 이를 압도하는 근면함이 화면 가득 묻어난다. 막상 이야기하려고 했다는 색채나 비례 이론의 이야기는 그 다음에 들려온다. 벽돌 건물도 이처럼 차곡차곡 쌓아서 만들어지는 아름다움이 가장 먼저 우리에게 다가온다.

이 아름다움은 단지 벽돌을 쌓았다고 해서 그냥 드러나는 것이 아니다. 쌓았음을 보여주어야 한다. 그것도 얼마나 '조심스럽게' 쌓았는지를 보여주어야 한다. 또한 벽돌 무늬를 인쇄한 벽지를 바른 것이 아님을 보여주어야 한다. 그 쌓음의 흔적은 줄눈에 새겨진다. 여기서 건축가는 시멘트 줄눈을 모조리

깊이 파냈다. 거의 손가락 하나 들어갈 정도의 깊이로 파냈다. 줄눈은 빛을 받으면서 그림자를 만들고 벽돌 벽이 '하나하나 쌓아서 이루어졌음'을 확연히 보여준다. 쌓아서 이루어졌음을 보여주려는 의지는 곳곳의 벽돌들을 밖으로 내민 것에서도 잘 드러난다. 이처럼 벽의 깊이감을 통해서 건물은 건축가의 조심 스러움을 보여준다. 그리하여 그 건물들은 복잡하고 시끄럽기 만 한 주위의 건물들 사이에서 여전히 그 기품 있는 자태를 드러내고 있다.

    이 건축가가 지속적으로 탐구하던 벽돌의 가능성은 다른 곳의 건물에서도 드러난다. 장충동의 경동교회, 마산의 양덕성 당도 벽돌 건물이다. 여기서 건축가는 벽돌을 곱게 쌓지 않았 다. 우선 벽돌을 반으로 거칠게 쪼갠 다음 그 쪼개진 단면이 외 부로 노출되게 쌓았다. 햇빛이 이 벽면에 떨어질 때 드러나는 면의 힘은 가히 압도적이다. 건필乾筆로 쓴 글씨는 붓을 이루고 있는 수많은 붓털이 지나간 궤적과 이를 받쳐주는 탄탄한 필력 을 고스란히 보여준다. 그 거친 선들이 이루는 조합이 바로 글

왼쪽, 가운데) 벽돌을 쪼개 붙인 마산 양 덕성당과 경동교회의 외벽. 양덕성당에 서는 벽돌을 장변 방향으로 쪼개고 경동 교회에서는 단변 방향으로 쪼갰다. 벽돌 을 깨낸 힘이 그림자와 함께 드러난다.

오른쪽) 교보강남타워의 건축가는 벽돌 커튼 월에서 수평 줄눈만을 강조하고 싶어 했다. 그래서 수직 줄눈은 벽돌색 과 거의 같은 색으로 사용하면서 밋밋 하게 만들고 수평 줄눈만 깊이 파냈다.

씨의 박력과 생명을 드러내는 것이다. 이 교회들은 그 텁텁함의 아름다움과 박력이라는 점에서 '건필로 그려낸 건물'이라고 할 수 있다. 쌓아서 이루어졌음을 보여주기 위해서 건축가들은 뒤틀리고 모서리가 깨진 벽돌만 모아서 벽을 만들기도 한다. 그리고 이를 얻기 위해 때로는 철거 현장과 폐허를 뒤지기도 한다.

실상 여기 언급된 벽돌 건물들의 뼈대는 의외로 콘크리트로 이루어져 있다. 이 건물들이 순수하게 벽돌의 구조체를 갖고 있지 않다는 것은 우리의 상식과 약간의 관찰력을 동원하면 쉽게 유추할 수 있다. 그리고 건물 안에 들어가보면 더욱 잘 드러난다. 건물을 이루는 뼈대가 어떤 형식을 갖추고 있는지를 숨김없이 밖으로 표현하는 것은 건축가들에게 오랜 논란거리였다. 이는 사람으로 치면 거짓말을 하느냐 그렇지 않느냐와 같은 문제로 취급되어왔다. 그래서 건축가 중에는 건물 내부의 뼈대가 건물 밖에서도 읽혀야 하는 덕목이라고 생각하는 이들이 있다. 그러나 이 건축가는 벽돌의 한계를 콘크리트의 힘을 빌려 해결하고자 하였다. 콘크리트가 가지고 있는 장점, 즉 거푸집만 짤 수 있으면 형틀에서 석고를 굳히듯 얼마든지 원하는 모양을 만들 수 있다는 점은 벽돌로는 생각할 수 없는 특성이다. 그리고 이 조합은 벽돌의 또 다른 가능성으로 이야기될 수도 있다.

물론 이런 설명에 만족하지 않고 굳세게 뼈대의 솔직한 표현을 이야기하는 건축가들이 있다. 그런 점에서 벽돌을 외부의 치장으로만 쓰는 건 건축가들 사이에서 여전히 논란거리다. 어찌 되었건 주지해야 할 사실은 이 건물들이 실제로는 콘크리트의 구조체를 가지고 있어도 다른 건물들보다 더 벽돌의 정신을 제대로 보여주고 있다는 점이다.

기구한 돌의 팔자

돌은 기본적으로 묵직한 이미지를 가지고 있다. 무슨 재주로 저 무거운 것들을 들어다 쌓았을까 하는 생각이 들게 만드는 것이 본래 돌집의 모습이다.

우리의 역사에서 가장 돌을 잘 다루었던 시기는 통일신라 시대였을 것이다. 다보탑으로 대변되는 당시의 돌 다루는 실력과 미의식은 현대의 석공과 건축가들이 쉽게 따라가기 어려운 경지다.

불국사의 석축石築은 석축 중에서도 걸작이라고 알려져 있다. 석축은 말 그대로 돌을 쌓아 만든 것이다. 그러나 돌을 쌓는다는 것은 돌 위에 또 다른 돌을 단순히 올려놓는 것을 의미하는 데 그치지 않는다고 통일신라 시대의 미의식은 이야기한다. 아무리 헐어내려고 해도 그 자리에 버티고 있겠다는 의지를 표현해야 한다고 믿는 듯 돌을 깎고 다듬어 모양을 맞춰 끼워 넣은 수고의 결과는 견고하게 깍지 낀 손처럼, 굳게 다문 어금니처럼 우악스런 힘으로 가득 차 있다.

석가탑은 상대적으로 다소 단순한 모양을 하고 있다. 그래서 10원짜리 동전에 등장하는 영광도 다보탑에 내주고 대중

이렇게 쌓은 것은 통일신라 시대의 미의식이 아니다.

이 칸의 돌들이 깍지를 끼고 있음이 보인다.

불국사의 석축은 윗부분과 아랫부분을 쌓은 정신이 다르다. 아랫부분은 아무리 헐어내리려고 해도 끝까지 그 자리에서 꼼짝도 하지 않겠다고 어금니를 꽉 깨물고 있는 듯하다.

적인 선호도도 다소 떨어지는 편이다. 그러나 석가탑의 그 단순함은 기교의 부족이 아니고 기교의 절제에서 나온 것이다. 탑신의 기단부가 팔방금강좌八方金剛座와 맞물리는 부분을 깎아내 맞춘 모습은 석가탑을 만든 이의 실력과 미의식이 불국사 석축을 만든 이와 같은 것임을 보여주고 있다.

중세 유럽의 성당을 이야기할 때 우리는 육중한 돌을 빼놓고는 그 모습을 그려내기가 어렵다. 물론 돌은 현대 건축에서도 엄청나게 많이 사용되는 재료다. 그러나 신의 뜻이 지배하던 시대와 자본주의 논리가 지배하는 시대에 세워지는 건물은 분명히 다르다. 우선 재료의 사용부터가 그렇다.

아무리 먼 곳에 있는 재료들이라도 운반해 와서 수십 년의 시간을 들여 건물을 만들던 시대가 있었다. 무거운 돌을 건물 꼭대기에 기어이 올려놓던 정신과 의지가 그 시기에 있었다. 그 정신은 현대에 이르러 계량과 합리성이라는 덕목으로 옷을 갈아입었다.

경제성의 검토가 가장 큰 무기가 된 시대에도 돌은 건물의 내·외부에 계속 사용되고 있다. 그러나 그 속성은 근본적인 차이를 지닌다. 돌은 더 이상 쌓아서 사용되는 재료가 아니다. 얇게 잘라서 다른 구조체에 붙여 사용되는 재료로 변화된 것이다. 이유는 물론 경제성 때문이다. 우선 돌 자체의 값이 비싸다는 것이 첫 번째 이유다. 큼직한 돌덩이들을 채석장에서 캐고, 운반해서, 쌓는 과정은 분명 만만치가 않고 그 크기만큼 부수적인 비용이 더 들어간다. 두꺼운 돌을 쌓으면 당연히 벽이 두꺼워지면서 실내 공간이 상대적으로 좁아진다는 사실도 빼놓을 수 없다. 우리들이 주위에서 보는 현대의 석조 건물은 모조리 두께 3센티미터 안팎의 얇은 돌 피막을 뒤집어쓰고 있는 것이라고 생각해도 된다. 그 뼈대에는 콘크리트나 철골, 혹은 벽돌과 같은 엉뚱한 재료가 자리 잡고 있는 것이다.

얇은 돌을 벽에 붙이기 시작하면서 건축가들은 몇 가지 문제에 봉착하게 되었다. 첫 번째는 구조 표현의 진실성 문제

<왼쪽) 소름이 돋을 정도로 우아한 모습의 석가탑. 팔방금강좌를 움켜쥔 돌까지 보아야 석가탑이 제대로 보인다.

오른쪽) 연꽃 문양이 새겨진 이 돌이 팔방금강좌이다.

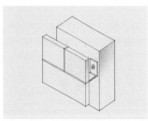

종묘에 쓰인 무지막지한 크기의 돌. 종묘는 국가의 존망을 상징하는 중요한 공간이었고. 선왕들에 대한 경의도 이 돌의 크기로 표현되었을 것이다.

쌓는 돌과 붙이는 돌. 공사장 근처를 오가면서 잘 보면 거의 모든 돌이 철물에 매달려 시공됨을 알 수 있다.

다. 몇몇 벽돌 건물의 예에서처럼 역사적으로 건물의 하중을 지탱하던 돌은 이제는 오히려 다른 구조체에 매달리는 존재가 되어버렸다. 전세는 그렇게 역전되었다. 그렇다 보니 구조의 표현 문제를 중요하게 생각하는 건축가들에게는 이 달라진 상황을 표현하는 것이 새로운 숙제가 되었다. 물론 돌을 아예 사용하지 않는 것도 대안이 될 수 있다. 그러나 자연계를 둘러보아 건축가들이 사용할 수 있는 재료가 그리 많지도 않은 현실을 볼 때, 돌과 같이 품위를 지닌 재료를 건축가들의 팔레트에서 빼버린다는 건 지나치게 가혹한 일이다.

여기서 건축가들이 타협하는 방법은 돌을 쓰되 오해를 막는 것이다. 즉 돌을 '쌓았음'이 아니라 '붙였음'을 보여주는 것이다. 쌓았음의 의미가 줄눈에서 표현된다면 줄눈을 바꾸는 수밖에 없다. 돌을 쌓을 경우에는 그 줄눈들이 벽돌의 줄눈처럼 서로 어긋나야 한다. 그래야 돌들이 쐐기처럼 서로 맞물리면서 벽이 튼튼해지기 때문이다. 건축가들은 붙인 돌의 경우에는,

쌓은 돌로 벽을 만들 경우 사용하지 않는 격자형의 통줄눈을 만들어 돌들이 붙여져 있음을 고백하기도 한다. 돌을 세워서 붙이기도 한다. 돌을 세워서 쌓는 경우는 거의 없기 때문이다.

모서리가 돌을 이야기한다

얇은 돌판을 사용하게 되면서 건물의 모서리가 문제되기 시작하였다. 우선 우리가 입고 다니는 옷을 보자. 어느 구석에서도 가위질하여 옷감을 자른 끄트머리는 보이지 않는다. 천이 풀린다는 기능적인 사실을 떠나더라도 그 얇은 끄트머리가 노출되었을 때 보이는 옷의 초라함은 쉽게 상상할 수 있다. 자동차의 경우에도 디자이너들은 강판을 잘라낸 단면을 보여주지 않는다. 얇게 자른 재료의 단면을 보여주는 것은 그 디자인을 값싸고 천박하게 만든다는 점에서 우선적으로 기피되는 내용이다. 이 책의 표지에 붙은 책날개는 저자 소개, 출판사의 다른 책 광고를 위한 요긴한 공간이 되기도 한다. 그러나 책날개의 진정한 가치는 표지의 두께를 두툼하게 하면서 책의 품위를 높여주는 중요한 장치라는 데 있다.

건물인들 다를 수가 없다. 돌판을 얇게 오려 사용하는 것은 이미 건축가의 선택을 넘어선 경제적 결정이다. 그러나 얇은 돌판의 두께를 외부로 기어이 드러내서 건물을 '낡은 잡지의 표지처럼 통속적'이게끔 만들 필요는 없다. 돌의 맛은 중후함에 있다.

돌의 실제 두께를 감추기 위해 모서리 부분에만 특별히

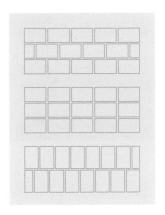

맨 위의 줄눈은 돌이나 벽돌을 '쌓으면' 자연스럽게 생기는 줄눈이다. 가운데의 줄눈은 돌을 붙인다고 치면 쉽게 나타나는 것으로 통줄눈이라고 한다. 맨 아래의 줄눈은 쌓은 줄눈과 비슷하나 부재를 세워서 만들어야 하므로 실제로 쌓을 때는 나타나기 어렵다. 결국 아래의 두 줄눈은 '붙인' 줄눈이라고 할 수 있다.

왼쪽) 어느 백화점의 모서리. 백화점은 건물도 상품 포장처럼 생각하므로 유행에 따라 쉽게 외피를 바꾼다. 그런 만큼 건물의 표피가 얇은 종잇장 같아지는데 거부감도 없다.

오른쪽) 서울대학교 박물관의 모서리. 쌓은 척하지는 않지만 그렇다고 돌의 얇은 두께를 보여주지도 않겠다는 생각이 드러나 있다.

두툼한 돌을 사용하는 건축가도 있다. 그러면 건물 전체를 돌로 쌓은 듯한 무게감은 얻을 수 없을지라도 건물에 무늬 벽지를 바른 것 같은 값싼 인상은 피할 수 있다. 돌이 깨져나간 부분만 없으면 어딜 보아도 돌의 두께가 3센티미터밖에 안 된다는 것을 알아낼 길이 없는 것이다.

콘크리트나 철골에 철물을 대고 돌을 달아매는 것이 일반적으로 현대에 사용되는 방법이라면 이 형식을 표현하려고 하는 이도 있다. 건물의 모서리에 철물을 갖다 대는 것이다. 네모난 돌 벽의 테두리에 들어선 철물은 벽의 돌이 후면의 철물에 의지하여 매달려 있음을 표현해준다.

붙였다는 사실 표현을 접어두고 얇은 면의 노출을 피하는 것만 생각하면 돌의 면을 거칠게 하는 방법도 있다. 곱게 그라인더로 갈아내고 행주로 닦아낸 듯한 돌판보다 거칠거칠하게 마무리된 돌은 더 육중하게 보인다. 쌓아서 이루어진 것 같은 느낌을 주는 것도 사실이다. 사람의 시선이 많이 닿는 저층부에 유독 거친 돌을 써서 건물의 안정감을 주는 것은 유럽의 르

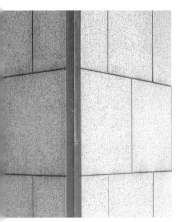

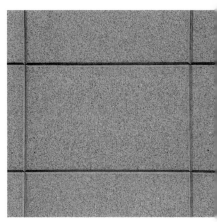

네상스 시대 이후 건축가들이 종종 사용해온 방법이다.

교보생명 사옥의 저층부에서는 돌의 마구리 부분을 빗면으로 잘라냈다. 그 잘라낸 면의 폭은 불과 1센티미터 남짓의 작은 것이지만 이 돌들이 벽지처럼 무늬만 있는 것이 아니고 두툼한 두께를 갖고 있음을 그 깊이보다 더 크게 보여주는 효과적인 도구가 된다.

왼쪽) 환기미술관의 모서리. 돌이 철물에 붙여져 있음을 보여주려는 건축가의 의지가 보이는 부분이다.

가운데) 전쟁기념관의 모서리. 붙였어도 쌓은 듯이 보이게 하겠다는 의지로 만든 벽이다. 그만큼 묵직하게 보인다.

오른쪽) 교보생명 사옥의 돌판. 이 돌들이 벽지처럼 얇은 게 아니라고 강변하고 있다.

돌의 크기와 줄눈

벽돌과 달리 돌은 특별한 규격이 없어 건축가들이 도면에 그리는 크기대로 재단되어 사용된다. 따라서 건축가들은 얼마만 한 크기와 비례를 가진 돌판을 사용하느냐 하는 판단을 해야 한다. 물론 자잘한 크기의 돌보다는 큼직한 돌이 품위가 있다. 제법 커다란 돌판은 건물에 말로 표현하기 어려운 장엄한 맛을 준다. 또 기품도 더해준다.

하지만 문제는 역시 경제적인 데 있다. 돌판의 크기가 산술급수로 커질수록 가격은 기하급수로 올라간다. 돌판의 크기와 함께 중요한 것은 그 돌판 하나하나의 비례가 될 것이다. 돌판이 하나의 면이 되면서 비례의 문제는 여지없이 적용된다. 물론 돌판의 크기들이 단지 비례에 의해서만 결정되지는 않는다. 그렇다고 비례가 좋다는 이유만으로 돌판을 건축가들이 주저 없이 사용하는 것은 아니다. 건축가는 채석장에서 만들어지는 원석의 크기와 이를 잘라낼 톱날의 크기, 돌을 사용할 벽의 크기 사이 어딘가에 있을 적당한 값을 찾아내기 위해 몇 번이나 경제성을 저울질하는 것이다.

문과 창은 벽에 선을 만든다. 돌판의 규격을 정할 때 빼놓을 수 없는 것은 그 줄눈들이 벽에 생기는 많은 선들과 잘 맞아야 한다는 것이다. 벽이 꺾이면서 생기는 선과도 잘 맞아야 한다. 소화전이나 엘리베이터 스위치도 이 선 안에 꼭 맞게 자리 잡고 있어야 한다. 돌의 줄눈이 애매하게 중단되지 않고 잘 맞도록 조정하는 것은 건축가들에게 천재적인 기지를 요구하지는 않는다. 그러나 적어도 근면함은 요구한다. 그리고 시공자의 성실한 협력을 필요로 한다. 이는 건물의 완성도를 가늠하는 부분이 되기도 한다.

줄눈의 문제는 돌판뿐 아니라 일정한 크기를 붙여서 사용하는 모든 건축 재료에 해당된다. 그러한 재료로는 타일이 대표적이다. 타일은 값도 싸고 청소도 쉬워 화장실에서 건물 외관까지 폭넓게 사용된다. 특히 2층 속셈 학원, 3층 당구장 하는 식의 동네 상가들은 십중팔구 타일을 붙인 외관을 지니고 있다. 그러나 같은 값싼 타일을 붙였다 하여도 우리는 그 줄눈들

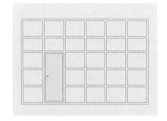

가장 기본이 되는 줄눈 맞추기. 특히 수평 줄눈은 건물을 한 바퀴 돌아 제자리로 오기 때문에 세심하게 줄눈의 치수를 잡아야 한다.

을 들여다보는 것만으로도 어느 건축가가 더 조심스러웠는지, 어느 시공자가 더 성실하였는지를 알아낼 수 있다.

사무소의 천장은 대개 격자로 이루어져 있다. 네모난 천장판이 기둥이나 벽과 만나는 상태도 돌 벽의 줄눈 선을 맞추는 것과 같은 가치를 갖는다. 조명 기구와 스프링클러 등이 얼마나 제대로 자리 잡고 있는지도 같은 내용들이다. 물론 선들이 모두 말끔하게 맞느냐 그렇지 않으냐 하는 것은 건물의 가치를 근본적으로 뒤집을 만한 내용은 아니다. 그러나 적어도 어느 건축가가 더 꼼꼼한지를 보여주는 것은 틀림없다.

돌이 기어이 허공을 날다

쌓아서 이루어지는 재료로 할 수 있는 가장 어려운 일은 무엇일까. 허공을 가로지르는 것이다. 건물이라면 대개는 지붕이 덮여야 한다. 지붕을 덮으려면 공중을 가로지르는 부재가 당연히 생겨야 한다. 벽돌로 벽을 만들면 문이 생긴 윗부분은 어찌할까. 문틀에 기대어 벽돌을 쌓기에는 벽돌은 무겁고 문틀은 약하다. 과감히 그냥 쌓으면 문틀이 처져 문이 빽빽해진다.

허공을 가로질러 벽돌이나 돌을 쌓을 수 있을까. 돌이라면 큼직하게 잘라서 수평으로 문 위를 가로지를 수도 있다. 건축가들이 인방引枋이라고 부르는 것이 창이나 문 위를 가로지르는 기다란 부재다. 그러나 벽돌은 워낙 단위 크기가 작으니 인방으로 쓸 수도 없는 일이다. 벽돌로는 항상 기둥과 벽만 쌓으면 된다고 이야기하는 사람도 있다. 그러나 벽돌이 사람이

왼쪽) 분황사 모전석탑의 튀어나온 처마를 보자. 허공에 돌을 쌓은 이, 그는 과연 누구일까.

오른쪽) 강화도 초지진草芝鎭의 인방. 돌을 그냥 올려놓은 것이 아니라 '잘 깎아 맞춰서' 올려놓았다.

라면 이 이야기를 듣고 자존심이 상해서 기를 쓰고 허공을 가로지르는 연습을 할 것이다. 그 부단한 연습의 결과물이 바로 아치arch다. 홍예虹霓라고 하면 오히려 모르는 이가 더 많을 것이므로 그냥 아치라고 부르기로 하자.

아치의 발견은 건축사의 흐름을 바꾸어놓을 만큼 획기적인 것이었다. 그리고 쌓아서 이루어지는 재료의 가장 위대한 성과라고 하여도 좋을 것이다. 서양의 고대 그리스 건축과 로마 건축을 구분 짓는 가장 중요한 단서가 바로 아치의 존재다. 고대 그리스 건축에는 아치가 없다. 이런 면에서 로마 건축은 그리스 건축보다 '발전하였다'고 이야기할 수 있는 것이다. 아치가 없었으면 건축의 역사는 대폭 수정이 되어야 했다. 숭례문도

광화문도 석빙고도 모두 다른 모양을 찾아야 했을 것이다.

돌로 아치를 쌓는다고 할 때 가장 중요한 부분은 한가운데에 있는 돌이다. 이맛돌keystone이라고 불리는 이 돌이 빠지면 아치는 무너진다. 물론 다른 돌을 하나 빼내도 아치는 무너진다. 그러나 한가운데 있다는 사실 그리고 아치를 만들 때 가장 마지막 순간에 들어가는 돌이라는 점에서 이맛돌은 주목을 받는다. 이맛돌을 끼워 넣는 순간은 아치의 화룡점정畵龍點睛이다. 그렇다 보니 건축가들이 이맛돌에 특별한 대우를 하는 것도 이해가 될 만하다. 이맛돌을 유독 크게 하거나 튀어나오게 하는 등 장식을 하는 것이다.

그러나 돌을 붙여서 사용하기 시작하면서 아치가 지니던

여수 흥국사 입구의 무지개다리. 절에 들어가려면 반드시 이 다리를 건너도록 진입 공간이 구성되었으니 이 아치는 성속聖俗의 공간을 나누는 의미심장한 구조물이다.

왼쪽) 이맛돌의 흔적은 곳곳에서 볼 수 있다. 이화여자대학교 중앙도서관 입구에 보이는 이맛돌. 이 아치는 장식이고 이맛돌은 그 장식을 위한 장식이다.

오른쪽) 여수 애양원 성산교회의 아치. 이렇게 위가 뾰족한 아치를 첨두아치 pointed arch라고 부른다. 반원아치는 폭이 그 높이를 규정하는 데 비해 첨두아치는 폭과 높이의 비례가 더 자유롭다. 더 발전된 형식이며, 그래서 고딕의 아치는 모두 첨두아치로 변해나갔다.

의미는 모두 사라지게 되었다. 이맛돌이 덩달아 무의미해진 것도 당연한 일이다. 그러나 아직 아치는 돌로 된 건물의 곳곳에 장식적으로 등장하고 이맛돌은 거기서 박제처럼 매달려 있곤 한다. 가슴 벅차던 그 순간을 찬미하고 증거하는 화석이 되어 있는 것이다.

콘크리트, 끝없는 억울함

콘크리트는 현대 건축의 무성격하고 부정적인 모습을 표현할 때면 항상 눈총을 받는 재료다. 어떤 가수는 "사방을 아무리, 아무리 둘러봐도 보이는 건 모두 다 콘크리트 빌딩 숲"이라고 막막함을 하소연하기도 한다. 하지만 서양에서는 이미 로마 시대부터 사용되었고 이를 빼놓고는 건축을 이야기할 수 없을 정도로 중요한 재료가 바로 콘크리트다.

물론 주위 공사장에서 만드는 대부분의 콘크리트는 거칠

고 볼품이 없다. 그 위에 무언가 다른 재료를 덧붙일 생각으로 시공되기 때문이다. 사실 우리가 주위를 돌아보면 공사가 진행 중인 상황이 아니면 콘크리트 면을 그대로 보게 될 경우는 많지 않다. 적어도 나중에 페인트라도 칠해지곤 한다. 도시의 황량함을 콘크리트로 표현하기에 의외로 콘크리트는 그리 많이 보이지 않는다. 물론 순수하고 텁텁한 아름다움에 주목하여 콘크리트 면으로만 마감된 건물들이 점점 늘어가고 있기는 하다. 그러나 만만치 않은 거부감이 존재하는 것도 사실이다.

콘크리트는 어떤 잘못이 있어서 비난을 받을까? 우리가 이른바 이발소 그림이라는 걸 보고 물감을 탓할 수는 없다. 재료로는 콘크리트도 잘못이 없다. 비난을 받아야 한다면 그건 건축가와 시공자의 몫이다. 오히려 콘크리트처럼 기특하고 쓸모 많은 재료도 없다.

콘크리트가 가진 최대의 특징은 형틀, 즉 거푸집만 만들 수 있으면 어떤 모양이든지 만들 수 있다는 것이다. 현대 도시가 성냥갑으로 이루어진 것 같다고 불평하는 사람도 막상 건물을 둥글게도 각지게도 만들 수 있는 재료로는 콘크리트가 가장 적당하다는 걸 간과하고 있기 쉽다.

아무런 덧붙임 없이 만들어진 콘크리트를 노출 콘크리트라고 부른다. 페인트조차 칠해지지 않은 콘크리트를 이야기한다. 재료를 그냥 노출한다는 것은 그것이 시공된 과정을 보여준다는 것과 같은 이야기다. 콘크리트 벽은 거푸집을 원하는 모양으로 짜고 반액체 상태의 콘크리트를 부어 굳힌 후 거푸집을 떼어냄으로써 만들어진다. 이 과정에서 보이다시피 콘크리트 건물의 성패는 거푸집에 달려 있다. 그리고 완성된 노출 콘크리트 건물은 거푸집의 상태를 고스란히 보여준다. 그만큼 시공은 어렵고 꼼꼼한 손길을 요구한다. 여자들이 색조 화장 없이 거리에 나설 수 있기 위해서는 그 바탕에 자신이 있어야 한다. 색조 화장을 하지 않는 여자들의 피부 관리가 색조 화장을 하는 여자들보다 쉽다고 이야기하지 않는다. 콘크리트를 노출하는 것도 실제로는 그 위에 무언가를 덧붙이는 것보다 훨씬 복잡하고 어려운 공정을 요구한다.

　노출 콘크리트의 벽체에는 두 가지가 눈에 띈다. 하나는 직사각형 모양인 거푸집 판의 자국이고 다른 하나는 일정한 간격으로 늘어서 있는 동그란 구멍들이다. 건축가에 따라서는 좁은 널판을 여러 장 잇대어 붙여 거푸집을 만들어 쓰기도 한다. 이 경우 콘크리트 벽면은 좀 더 거칠고 힘찬 맛을 느끼게 한다. 하지만 그건 제법 품이 들어가는 작업이고 요즘은 대개 널찍한 합판 한 장이 거푸집 한 판이 된다. 이 경우 역시 문제가 되는 것은 거푸집과 거푸집이 만나면서 콘크리트에 새겨지는 줄눈들이다. 이 선들이 돌판의 경우와 같이 벽면의 온갖 선들과 잘 맞도록 해야 근면한 건축가, 시공자라는 소리를 들을 수 있다.

　콘크리트는 엄청난 중량을 가지고 있다. 그 중량은 굳기 전 상태라고 해도 다르지 않다. 콘크리트 벽을 만든다고 생각하자. 거푸집을 짜고 여기에 반액체 상태의 콘크리트 반죽을 부어 넣으면 거푸집은 중량을 견디지 못하고 벌어질 것이다.

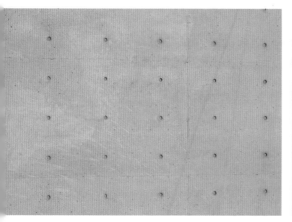

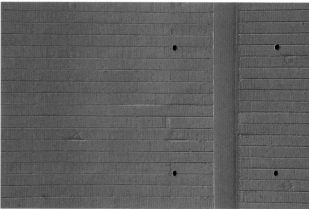

거푸집이 벌어지는 것을 막기 위해서 벽 양쪽의 거푸집을 철물로 묶어놓는다. 이때 사용되는 철물을 폼타이form-tie라고 부른다. 콘크리트가 다 굳어서 거푸집을 떼어내면 이 폼타이가 있던 자리가 벽에 동그란 자국으로 남게 된다. 폼타이들이 얼마나 잘 정리되어 있나 하는 것도 건축가와 시공자의 근면함과 장인 정신을 보여주는 단면들이다.

　다음으로 노출 콘크리트에서 중요한 것은 벽면의 질감이다. 치밀하고 건실하게 만들어진 콘크리트 벽면은 그 중후함과 우아함에서 그리고 그 순수함에서 다른 재료들이 따라가기 힘들다. 콘크리트는 그런 점에서 현대의 대리석이라고도 이야기된다. 그러나 그런 콘크리트를 얻어내는 것은 거의 도박에 가깝다. 물론 성실하면 당첨될 수 있는 도박이다. 그것은 건축가로부터 현장의 인부에 이르기까지 수많은 사람이 함께 성실해야 한다는 점에서 도박이다. 거푸집을 떼어냈을 때 콘크리트의 벽 여기저기에 곰보처럼 구멍이 나 있으면 건축가들은 한숨을 내쉬게 된다. 울고도 싶어진다. 그렇다고 벽을 헐고 다시 시공

왼쪽) 일반적인 노출 콘크리트 면. 거푸집 판의 자국과 폼타이 자국이 보인다.

오른쪽) 좁은 널판으로 거푸집을 짜 만든 벽면. 콘크리트 면의 질감은 거푸집의 상태에 직결된다.

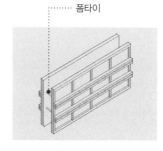

거푸집의 일반적인 모습. 거푸집 사이에 반액체 상태의 콘크리트를 부어 넣게 된다. 콘크리트의 자중自重에 거푸집이 벌어지는 것을 막기 위해 거푸집을 연결해주는 폼타이의 모습이 그려져 있다.

을 할 수도 없다. 얼마나 균질한 벽면이 만들어졌는지를 확인하는 길은 거푸집을 떼어보는 수밖에 없다. 진인사대천명盡人事待天命. 건축가들에게 노출 콘크리트는 가능성이자 장벽이 되는 애물인 것이다.

강철, 강하여 세련된 맛

철은 우리가 주위에서 보는 건축 재료로는 가장 강도가 높으며, 탄소 함유량의 변화에 따라 선철, 강철, 주철 등의 다른 이름으로 부른다. 건물의 뼈대를 이루는 데 사용되는 것은 거의 강철이다.

강철은 일반적으로 콘크리트보다 강도가 15배 정도나 높은 것으로 계산된다. 강도가 높다는 것은 달리 말하면 주어진 하중을 견디기 위해 훨씬 작은 크기의 부재를 사용할 수 있다는 것이다. 즉 철은 건물의 뼈대를 얇고 날렵하게 만들 수 있게 해준다. 그리고 다른 재료로는 생각하기 힘든 큰 규모의 구조물들을 만들 수 있게 해준다.

철은 19세기가 되어서야 건축에 보편적으로 사용되기 시작했다. 그리고 그 이후 건물의 모양과 크기를 근본적으로 바꿔놓기 시작했다. 이제는 더 이상 신기하게 거론되지 않는 100여 층 높이의 건물들은 강철로 된 구조체가 아니면 생각할 수조차 없다.

철은 가공을 하여 건축에서는 대개 철골鐵骨과 철근鐵筋의 두 가지 형태로 쓰인다. 철골은 고층 건물을 지을 때 뼈대로 쓰는, 단면이 영어 알파벳의 H나 I, 때로는 ㄷ자처럼 생긴 부재를 일컫는다. 반면 철근은 동네 공사장에서도 쉽게 볼 수 있는 긴 엿가락 같은 부재를 말한다.

철근은 콘크리트에 집어넣기 위해 만들어졌다. 콘크리트와 철근은 건축 재료로서는 물리적으로 최고의 궁합을 이룬다. 철근은 콘크리트가 약한 면은 찾아다니면서 모두 방어해준다. 게다가 이 두 재료는 온도 변화에 따른 팽창 계수까지 거의 똑같다. 철이 없으면 콘크리트 건물은 생각조차 할 수 없는 것이다. 돌을 벽에 걸려고 해도 철물이 필요하다. 벽돌도 제대로 쌓으려면 철재로 계속 보강을 해야 한다. 철은 생물체로 비유하면 단백질 정도의 역할을 한다고 봐도 좋을 만큼 현대 건축에서 빠질 수 없는 재료가 되었다.

철골과 철근의 일반적인 모양. 철근은 반드시 콘크리트와 함께 쓰인다.

철의 급소와 방어

하지만 이처럼 건축가들을 행복하게 해줄 것만 같은 철은 치명적인 문제점을 안고 있다. 녹이 슬고 불에 약하다는 것이다. 녹이 슬면 철은 더 이상 철이 아니다. 산화철이다. 그리고 더 이상 건물의 단백질 역할도 하지 못한다. 산화된 만큼 강도가 저하되므로 이는 기필코 막아야 한다. 녹은 페인트를 칠해서 간단히 막을 수 있다. 페인트의 성능은 괄목할 만한 수준에 이르렀으므로 녹을 막는다는 것이 그다지 어렵게 생각할 만한 문제는 아니다.

그러나 화재에 견디게 하는 것, 즉 내화 성능을 갖게 하는 것은 좀 더 신경 쓰이는 이야기다. 건물에 화재가 나서 온도가 어느 수준에 오르면 철은 순식간에 엿가락처럼 휜다. 그리고 문제는 아주 복잡해져 여러 사람을 곤란하게 만든다. 따라서 화재가 났다 해도 기둥의 철골이 녹지 않게 대처해야 한다. 열을 전달하지 않는 또 다른 재료로 철을 감싸야 하는 것이다.

이 내화 피복재로 가장 널리 사용되는 재료가 바로 콘크리트다. 고층 건물을 짓는 공사장을 유심히 보면 건물의 뼈대는 우선 철골로 세워놓고 아래층부터 콘크리트로 피복을 해나가는 것을 발견할 수 있다. 콘크리트는 자신이 충분한 강도를 갖고 있으므로 내화 피복재이면서 철을 도와 구조재의 역할도 하는 기특한 존재다. 내화 피복은 꼭 콘크리트로 할 필요는 없다. 스프레이처럼 뿌려서 내화 성능을 갖게 하는 재료도 있다. 현대의 발전하는 재료 기술은 얇은 페인트 정도의 두께로도 내화 성능을 유지할 수 있는 피복재를 만들었다. 그러나 이는 경제적인 제한과 신뢰성의 문제가 해결되지 않아 그리 폭넓게 쓰이지는 못한다. 그래서 아직 주위에서는 콘크리트가 가장 평범한 내화 피복재로 인정되고 있다.

이제 철을 사용하는 데 넘어야 할 난관은 모두 극복되었다. 그러나 여기서 건축가의 새로운 불만이 생긴다. 콘크리트로 철골을 피복하면 얇고 세련되어 보여야 하는 건물은 금방 철골 본래의 맛을 잃어버린다. 묵직한 콘크리트 건물로 보이게 되는 것이다. 스프레이로 된 내화 피복재도 뿌리고 나면 모습이 몹시 흉해 무언가를 덧대야 하는 건 마찬가지다. 이것은 우

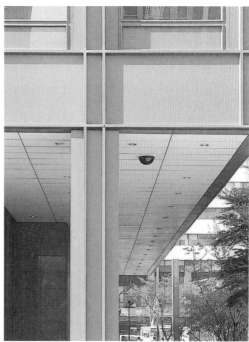

왼쪽) 스프레이 내화 피복재로 철골을 감싼 모습. 별로 보여줄 만한 모습이 아니다.

오른쪽) SK 빌딩의 외벽. 기둥에 덧붙여진 부재들은 이 건물이 철골의 뼈대를 갖고 있음을 애써 이야기하고 있다.

선 건축가들이 그처럼 중요하게 생각하는 구조의 표현, 재료의 진실성과 같은 화두를 풀어내는 데 극복하기 어려운 물리적 한계로 자리 잡고 있다.

　이 문제를 해결하는 데 나름대로 대답을 한 사람이 미스 반데어로에다. 가장 훌륭한 답은 가장 명쾌하다. 그리고 우아하다. 그는 콘크리트로 된 피복의 외부에 아주 작은 철골을 하나 덧대는 간단한 방법을 택했다. 물론 이 작은 철골은 구조체는 아니지만 건물이 철골로 이루어져 있음을 알려준다. 이 방법은 수십 년간 다른 건축가들이 더 효과적인 대안을 찾지 못할 정도로 훌륭한 효과를 지니고 있다. 그리고 이 방법은 미스 반데어로에의 전매 상표처럼 되었다. 그래서 미스 반데어로에

의 추종자인지를 판단하는 1차적인 예로 이렇게 건물의 표면
에 작은 철골들이 붙어 있는지를 들기도 한다.

무늬 속의 나무

우리 전통 건축에서 나무를 빼놓으면 이야기를 진행할 수 없
다. 중국계 건축으로 구분되는 우리 전통 건축은 기단 위에 기
둥을 세우고 그 위에 지붕 구조를 만들어 기와를 얹어놓는 형
식을 지니고 있다. 이렇게 만들어진 모양은 나무로 만들 수 있
는 구조 중 전통적인 기술력, 생산력의 한계를 인정하면 건물
로는 거의 이상적인 대안이라고까지 이야기할 수 있다.

　　그러나 나무의 부식은 건물의 내구성에 심각한 결함이 된
다. 결국 부식된 부재는 계속 바꿔주어야 하고 이를 잠시 게을
리 하면 결국 건물 자체가 소멸된다는 문제는 건축 재료로서
목재에 큰 위협이 되어왔다.

　　나무는 무게 비로 따지면 철을 능가하는 강도를 가지고
있다. 그러나 현대 건축에서는 무게 비의 능률보다는 절대 강
도가 얼마나 높은가 하는 것이 더 중요하다. 그래서 한때 건물
의 뼈대를 만드는 재료였던 나무는 그 역할을 콘크리트나 철골
에게 넘겨주고 오늘날엔 대체로 벽지처럼 건물 내부의 치장재
역할을 하고 있을 따름이다.

　　나무는 죽어서는 목재지만 살아서는 유기물이었다. 뿌리
에서 빨아들인 수분을 잎에 공급하기 위해 수관이 존재한다. 계
절이 바뀌면서 성장 속도가 달라짐에 따라 나이테가 형성된다.

성장하면서 줄기를 쳐나가면 옹이가 생긴다. 이런 조건들은 목재로 가공되었을 때 수종과 가공 방법에 따라 다양한 패턴을 만들어주게 된다.

건축가가 실내 체육관의 바닥 재료를 선택하는 경우를 생각해보자. 당연히 나무 마루판이 최우선의 선택이다. 그러나 도대체 어떤 나무를 선택하느냐는 훨씬 복잡한 문제다. 운동선수들이 이 위를 뛰어다녀야 하므로 어느 정도 탄력이 있어야 한다. 볼링장이나 역도 경기장이라면 그 무거운 도구들이 내던져지는 곳이므로 강도와 내구성이 있어야 한다. 텔레비전으로 운동 경기를 중계한다면 선수들이 뛰어다니는 배경이 되므로 나무의 색이 너무 울긋불긋 튀거나 어둡지 않아야 한다. 이럴 경우 건축가들이 가장 선호하는 수종은 단풍나무다. 건축가들은 이런 조건을 충족하는 목재를 찾아 오늘도 수종 목록을 놓고 고민하고 있다.

나이 먹은 나무 기둥. 우리 전통 건축에서 많이 쓰인 침엽수는 성장이 빠르나 그만큼 물러서 건물에 쓰면 나이테의 윤곽이 쉽게 드러난다.

다양한 성장 환경에 따라 독특한 색과 무늬를 만들어내고 있는 나무는 거의 모든 건축 재료와 조화를 이루며 최고의 실내 마감재로 여겨지고 있다. 그러나 좋은 목재의 가격은 만만치 않다. 결국 건축가들은 몸체는 재생목이나 합판이고 그 표면에 종이처럼 얇게 무늬만 있는 무늬목을 사용하곤 한다.

빛나는 유리

유리는 속성상 빛에 민감하다는 점에서 공간의 문제와 밀접하게 맞물려 있다. 유리는 단지 창에 끼워지던 재료에서 탈피하여 아예 벽 자체로 다뤄지기도 하면서 현대 건축 흐름의 한복판에 있는 재료라고 보아도 좋을 것이다. 유리는 지금껏 이야기되던 재료들과는 본질적으로 다르다. 건물을 투명하게 만들 수 있게 해주는 유일한 재료인 것이다. 그러면서도 아련히 그 앞의 나무와 하늘을 비춰준다는 사실은, 쌓고 붙이고 채워서 사용하는 재료로 만든 공간과는 본질적으로 다른 가능성을 건축에 마련해주기 시작했다.

투명함이 가능해지다 보니 유리는 현대 건축을 상징하는 재료로 거론되고 있다. 현대 사회를 이야기하는 화두가 공평함, 투명함과 같은 단어에 모이면서 건축에서도 유리는 관심의 대상이 되어 있다. 유리를 통한 투명한 건물의 가능성에 매료된 건축가들은 조금이라도 더 투명한 건물을 만들기 위해 온갖 아이디어를 짜내고 있는 것이다.

투명한 건물을 가로막는 가장 큰 장애물은 유리가 아닌

과천 코오롱 사옥의 로비 벽체. 가장 투
명한 유리 벽을 만들겠다는 건축가의
안간힘이 표현되어 있다.

유리는 이제 스스로 하중을 지탱하는
실험의 단계에 이르렀다.

창틀에 있다. 공장의 생산 라인을 거치고 트럭 적재함에 실어서 공사 현장에 도착해야 하기 때문에 유리판은 크기에 제약이 있다. 그래서 큰 벽에 사용하려면 창틀로 이어야 한다. 쉽게 깨진다는 문제점도 있어서 벽체에 사용하려면 유리를 받쳐주는 창틀이 있어야 한다. 바로 이 창틀이 투명하지 않은 것이다.

고전적인 안경테는 안경알을 완전히 감싸는 형태였다. 그러나 안경알의 투명하고 맑은 모습을 강조하기 위해 안경테를 만드는 이들은 안경알의 끝 단을 나사로만 붙들어내는 안경을 선보이기 시작했다. 이런 디자인은 건축에서 먼저 시작된 것이다.

창틀이 없는 유리 벽, 혹은 창틀이 최소화되어 보이는 유리 벽을 구현하기 위해 건축가들은 기존의 두꺼운 막대기 같은 창틀을 버리기 시작했다. 유리판의 네 모서리에 구멍을 뚫고 나사로 구조체에 달아매면서 유리 벽은 기존 창틀의 사용으로 달성하지 못했던 투명함을 보여주게 되었다.

유리는 지금까지 사용한 것보다 훨씬 다양한 가능성을 보여줄 것이다. 유리는 빛의 상태에 따라 말로 표현할 수 없을 정도로 민감하고 미묘하게 반응한다. 사람이 서서 보는 각도에 따라 색과 투명도도 바뀐다. 여기서 무딘 언어로 그 가능성을 모두 서술하지는 않을 것이다. 그 아름다움은 현란하게 변화하는 자연광 아래 직접 찾아 나설 가치가 충분하다.

지금까지 이야기한 것처럼 건축가들이 재료를 선택할 때는 그 재료의 물리적 속성 외에 그 재료가 갖는 의미에 관한 성찰을 뒤에 깔고 있다. 바로 이러한 성찰이 건물은 벽돌과 콘크리트가 아닌 인간의 아이디어에 의해 이루어지는 것이라는 이야기의 첫 받침대가 된다.

서로 다른 시간에 본 명보아트홀의 부분. 둥근 통을 이루는 유리는 보는 각도와 태양의 각도에 따라 항상 다른 모습을 보여준다. 유리의 매력은 빛의 투과와 반사의 조합에서 시작된다.

건물의 뼈대와
내장 기관

건축이라는 행위가 콘크리트와 강철이 아닌 인간의 정신, 아이디어에 의해 규정되는 것이라면 실제로 지어지지 않은 계획안이라도 건축적인 가치가 충분히 있다. 때로 건축가들은 지어지지 않을 것을 전제로 하고 미래의 비전을 제시한다는 의미에서 계획안을 내보이기도 한다. 굳게 닫힌 우리의 상상력을 일깨우는 그런 작업이 없으면 우리의 도시는 미래에도 오늘과 같기만 할 것이다.

그러나 대개의 건축 계획은 짓겠다는 의지를 바탕으로 진행된다. 건물을 지으려고 설계를 하는 사람의 머릿속에는 재료에 대한 성찰과 함께 물체의 역학적 반응에 관한 이해가 바탕으로 자리 잡고 있어야 한다. 건축가들은 자기가 만드는 건축 계획안이 물리적으로 합리적인가 하는 것을 논리와 경험에 의해 확인해나가면서 작업을 진행한다. 물론 건축가들이 계산기나 컴퓨터로 계산을 하지는 않는다. 건축물의 뼈대, 즉 구조의 안정성을 정량적으로 확인해주는 것은 구조 엔지니어의 몫이다. 그러나 적어도 전체적인 시스템을 결정하고 책임지는 것은 건축가가 하는 일이다.

뼈대의 논리

건물이 조각보다 덩치가 크다는 것은 이미 이야기했다. 구조물의 덩치가 커진다는 것은 종이 위의 그림을 확대 복사하는 것보다는 복잡한 문제를 수반한다. 때로는 양적 변화가 질적 변화를 가져온다. 조각가들은 계산기를 두드려가며 구조 해석을 하여 조각 작품을 만들지는 않는다. 그러나 건물은 그렇게 직관에 의지해서 지을 수 없다. 가장 넓은 공간을 최소의 부재로 무너지지 않게 만들려면 계산기나 컴퓨터에 의한 검토는 필수적이다. 구조 문제의 해결을 위해 물리적인 접근이 필요하다는 점은 많은 건축학과가 대학에서 공과대학에 속하게 되는 논리적 발판이 되어왔다.

구조 문제는 기본적으로 뉴턴 역학으로 해설된다. 물론 구조 엔지니어들의 작업은 훨씬 더 복잡하다. 이들은 구조체의 변형, 진동까지 고민하여야 하고 이에 따라 때로 미분 방정식까지 동원한다. 그러나 이를 우리가 이해하기는 어렵고 굳이 이해하겠다고 나설 필요도 없다. 어찌 되었건 건축의 감상을 위한 것이라면 고등학교 물리 시간에 거론되는 뉴턴 역학 정도의 이해 수준이면 충분하다. 이의 이해는 건물뿐 아니라 강의 다리에서 시작하여 자전거나 악기의 생김새까지 규정하는 공통적인 논리를 깨닫게 해준다.

밀고 당기는 힘

건물 구조를 이해하는 데 필요한 세 가지 개념은 압축력壓縮力, 인장력引張力, 벤딩모멘트bending moment다. 압축력은 말 그대로 부재 쪽으로 누르는 힘, 인장력은 부재를 잡아당기는 힘으로 이해하면 된다. 우리가 서 있으면 무릎 관절은 압축력을 받게 된다. 철봉에 매달려 있으면 팔꿈치 관절은 인장력을 받게 된다. 의자에 앉으면 체중은 의자의 다리에 압축력을 가하게 된다. 그네에 앉으면 체중은 그네의 줄에 인장력을 가하게 된다.

압축력과 인장력을 보여주는 그림. 왼쪽이 압축력이고 오른쪽이 인장력이다.

이를 통해 우리는 건물의 기둥은 압축력을 받는 부재라는 걸 쉽게 알 수 있다. 당연히 압축력은 그 위층, 혹은 지붕의 하중에 의해서 생긴다. 그리고 하중이 커질수록 기둥 역시 굵어져야 한다는 것도 직관적으로 알 수 있다. 30층의 건물이라면 30층에 있는 기둥보다 1층에 있는 기둥이 더 굵어야 한다. 주어진 기둥의 크기가 감당할 수 있는 것보다 더 무거운 하중이 실리면 당연히 건물이 무너진다. 즉 기둥에 주어지는 압축력이 기둥이 감당할 수 있는 한계치를 넘어서면 기둥이 파괴되는 것이다.

상다리가 휘게 차린 밥상이라는 문장이 있다. 상다리가 휜 이유는 그 위에 얹힌 음식이 지나치게 많기 때문이다. 상다리는 지금 압축력을 받는 중이고 그렇게 압축력에 휘는 현상을 버클링buckling이라고 한다. 그 다음 단계는 상다리가 부러지는 것이다. 플라스틱으로 된 자를 세워놓고 그 위를 눌러보자. 자는 부러지기 전에 휘청 하고 휘어진다. 그리고 이렇게 휜 상태에서 좀 더 힘을 주면 자는 부러진다. 기다란 부재의 길이 방향으로 압축력이 가해졌을 때 생기는, 휘청 하고 휘는 현상이 바로 앞서 설명한 버클링이다.

　굵기가 같지만 길이만 다른 두 부재를 생각하자. 똑같은 힘을 준다면 길이가 긴 부재가 먼저 휘청 하고 휠 것이다. 그리고 부러질 것이다. 길이가 짧은 부재는 더 큰 힘을 가하면 버클링 없이 찌그러지면서 파괴된다. 재료의 강도가 버틸 수 있는 데까지 버틴 것이고 재료는 잘 활용된 것이다.

　건물의 기둥에 버클링이 생긴다고 해보자. 건물이 아직 무너지지 않았다고 해도 그 안에 사람이 들어가서 살 수는 없다. 기둥은 플라스틱 자처럼 곧 구부러지고 부러질 것이기 때문이다. 버클링은 다른 부재의 변형을 동반하고 불안정하게 만들기도 한다. 기둥의 버클링을 막으려면 기둥의 길이를 줄이든지 굵기를 키우든지 해야 한다. 그러나 기둥의 길이를 줄이는 건 건물의 층고를 낮춘다는 이야기이므로 받아들여지기 어렵다. 따라서 대개는 기둥의 굵기를 키우게 된다. 이처럼 압축력을 받는 부재들은 길이가 길어질수록 파괴 강도가 요구하는 것보다 굵은 것을 사용하곤 한다. 결국 부재에 사용하는 재료의 양이 많아지고, 건물은 더 무겁고 둔하게 보이게 된다.

　아까 사용한 자를 이번에는 잡아당긴다고 생각해보자. 아무리 세게 잡아당겨도 자는 멀쩡할 것이다. 인장력에 의해서

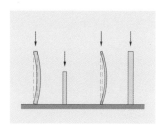

버클링이 생기는 조건. 부재의 길이가 길고 얇을수록 쉽게 생긴다. 부재 끝 단이 지지되는 조건에 영향을 받기도 한다.

는 버클링이 발생하지 않는다. 인장력을 받는 부재들은 꼭 필요한 강도만큼의 굵기만 사용하면 된다. 아무리 부재의 길이가 길어도 관계가 없다. 게다가 그네의 줄처럼 강성stiffness을 가지지 못한 부재들은 압축력에는 전혀 저항할 수 없지만 인장력에는 꽤 쓸모 있게 저항할 수 있다. 이를 보면 우리는 압축력보다는 인장력에 좀 더 다양하고 효과적으로 대처할 수 있다는 걸 알 수 있다.

달리는 자동차가 어딘가에 충돌하면 자동차의 몸체에 강한 압축력이 작용한다. 선형의 부재들은 부러지고 면으로 된 몸체는 구겨진다. 이는 대개 버클링이 수반된 파괴인 것이다. 반면 운전자를 잡아매고 있는 안전띠는 강한 인장력을 받게 된다. 안전띠가 충돌에 의해 끊어졌다는 이야기는 듣지 못했다. 물론 안전띠에는 상대적으로 작은 힘이 가해지기는 한다. 그러나 버클링의 존재가 얼마나 재료의 사용을 제한하는가 하는 것은 이제 충분히 알 수 있을 것이다. 아울러 압축력이 철이나 콘크리트처럼 강성이 있는 재료를 통하여 버텨진다는 데 비해, 인장력은 안전띠처럼 로프나 와이어에 의해서 지탱될 수 있다는 것도 충분히 설명이 되었을 것이다.

피아노의 속을 열어 보면 압축력과 인장력의 대비가 명쾌히 드러난다. 피아노는 작은 망치들이 팽팽히 긴장된 현弦을 두드려 소리를 낸다. 이 현들은 모조리 인장력을 받고 있다. 그리고 피아노의 테두리에는 현을 잡아매기 위한 주철 틀이 그 모양을 유지하고 있다. 이 틀은 압축력을 받고 있다. 피아노의

할아버지인 하프시코드harpsichord는 물론, 베토벤 시대의 피아
노에서도 압축력을 버티는 부재들은 나무로 만들어져 울림판
sound board 아래에 숨어 있었다. 그러나 오케스트라와 겨루는 수
준의 대음량을 내는 피아노가 등장하면서 피아노선의 인장력
도 커지고 결국 철제 틀이 도입되면서 보강 부재는 전면으로
드러나게 되었다. 현과 틀의 재료 단면을 비교해보면 같은 크
기의 힘이라도 압축력을 견디는 데 얼마나 더 많은 재료가 필
요한지를 알 수 있다. 바이올린을 봐도 현은 인장력을 받고 있
고 목은 압축력을 받고 있다. 네 줄의 현을 버티기 위해 얼마나
더 많은 재료가 목 부분에 필요한지도 금방 비교가 된다.

진화는 최적화의 과정이다. 자연계에서는 인장과 압축의
문제가 생사여탈의 절실한 문제를 쥐고 있는 경우도 있다. 거
미는 배 속에 넣고 다니는 재료의 양으로 집을 지어야 한다. 그
양으로는 버클링까지 감수해가며 재료를 사용하는 집을 만들
수가 없다. 거미집은 오로지 인장력을 이용하여 지어진다. 압
축력에 의존하여 집을 짓는 방식을 선택했다면 거미는 오래전
에 멸종했을 것이다.

구조체를 디자인하는 사람들은 될 수 있으면 압축력보
다는 인장력을 받는 부재의 개수를 더 늘리려고 한다. 재료가
그만큼 덜 들기 때문이다. 그리고 구조물이 그만큼 더 날씬하
고 세련되게 보이기 때문이다. 아울러 여기에는 디자인 의지
도 개입되어 있다. 팽팽히 당겨진 현의 긴장감이 구조체에 고
스란히 표현되었을 때의 우아함을 놓칠 수 없다는 것이다. 인

········ 압축력에 저항하는 틀

그랜드피아노 속의 압축과 인장. 왼손
부분이 저음이어서 현의 길이도 굵고 길
다. 인장력의 크기가 큰 만큼 압축력을
받는 방식도 복잡해지는 것이 보인다.

지하철역에 등장한 거미. 허공에 떠 있
는 듯이 보일 정도로 가는 줄로 집을 짓
지 않았다면 거미는 이미 멸종했을 것이
다. 사냥감의 눈을 속일 수도, 그 재료를
배 속에 넣고 다닐 수도 없을 것이기에.

장재와 압축재의 구분은 부재의 굵기를 달리하는 데서 표현된다. 그리고 이 구분은 다양한 선으로 그린 그림처럼 건물을 기름지게 한다.

휘는 힘

벤딩모멘트는 부재를 휘려고 하는 힘이다. 플라스틱 자를 이번에는 옆으로 휘어보자. 다이빙보드의 끝에 다이빙 선수가 서면 보드의 끝은 아래로 휘어진다. 낚싯대에 물고기가 걸리면 낚싯대가 아래로 휘어진다. 이처럼 다이빙보드나 낚싯대가 지탱해야 하는 힘을 벤딩모멘트라고 부른다. 벤딩모멘트의 특징은 부재의 길이와 지점에 따라 그 크기가 달라진다는 것이다. 다이빙보드의 끝에 선수가 섰을 때 길이가 긴 보드는 짧은 것보다 더 많이 휜다. 같은 크기의 물고기가 걸려도 긴 낚싯대가 당연히 더 휜다. 즉 부재의 길이가 길면 벤딩모멘트의 크기는 커진다.

같은 길이의 부재에 걸리는 벤딩모멘트라도 꼭 붙들고 있는 지지점에 가까울수록 그 크기가 커진다. 낚싯대의 벤딩모멘트는 낚시꾼이 손으로 잡고 있는 부분이 가장 크다. 낚싯대는 당연히 그 부분이 가장 굵어야 한다. 동네 목욕탕의 굴뚝도, 송전 철탑도 높이가 높다 보니 바람에 의한 횡력을 받게 되고 이는 벤딩모멘트로 작용한다. 이들이 지지되어 있는 부분, 즉 아랫부분에서 그 값은 더 크고 굵기도 당연히 커져야 한다.

학교 운동장에 가서 철봉에 매달린다고 생각하자. 우리 몸무게는 철봉에 하중을 가하고, 철봉은 벤딩모멘트를 받게 된

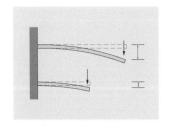

벤딩모멘트는 같은 하중이 가해져도 부재의 길이가 길수록 크게 생긴다.

다. 그리고 그 크기는 철봉의 양쪽 끝 지지점에서 가장 크다. 건물의 뼈대도 철봉을 모아놓은 것으로 보면 된다. 고층 건물의 경우에 그 뼈대는 하나의 거대한 정글짐이라 봐도 된다. 건물을 만들려면 기둥을 세우고 보를 건다. 그리고는 그 위에 우리가 디디고 서서 생활할 바닥 판, 즉 슬래브slab나 지붕을 얹는다. 슬래브에 책상과 캐비닛이 올라가고 지붕에 눈이 쌓이면 우리가 철봉에 매달리는 것처럼 이 무게들이 고스란히 슬래브에 벤딩모멘트로 작용하게 된다.

그네를 타는 이의 몸무게는 인장력, 벤딩모멘트, 압축력을 차례로 부재에 가하면서 지반에 전달된다.

다리의 뼈대

이제 지금까지 이야기한 세 가지 힘의 종류에 따라 얼마나 다양하게 구조물이 변화하는지 살펴보자. 또 그를 만들어내는 디자인 의지는 어떤 것인지 알아보자.

강에 다리를 놓는다면 가장 간단한 방법은 교각을 세우고 상판을 얹는 것이다. 그리고 그 위를 통행하면 된다. 가장 간단한 방법이 가장 훌륭한 것이라고 이야기되는 경우도 있다. 그러나 이 경우는 가장 원시적인 방법이라고 해야 할 것이다. 이 방법은 다리의 진화 과정으로 보면 징검다리 바로 다음 단계인 것으로 이야기할 수 있다.

교각을 세우고 상판을 얹으면 상판은 건물의 보가 그런 것처럼 벤딩모멘트를 받는다. 이 벤딩모멘트의 크기는 교각과 상판의 접합 방법에 따라 달라진다. 교각 부분과 교각 사이의 중간 부분에는 분명 다른 크기의 벤딩모멘트가 생긴다. 교각과

교각 사이 한가운데,
이 부분의 벤딩모멘트가 가장 크다.

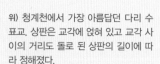

상판과 교각이 맞물린
이 부분의 벤딩모멘트가
가장 크다.

기울어진 부재들은 인장력을
받고 있다. 기울어진 방향을
반대로 바꾸면 압축력을 받게 된다.

위) 청계천에서 가장 아름답던 다리 수
표교. 상판은 교각에 얹혀 있고 교각 사
이의 거리도 돌로 된 상판의 길이에 따
라 정해졌다.

가운데) 준공 당시로는 선진 기술을 빌려
와 만든 원효대교. 상판뿐 아니라 교각
도 조각품 같다. 그러나 그 모습은 명쾌
한 논리적 계산의 결과물이다.

아래) 붕괴 후 새로 만들어진 성수대교.
철골로 만든 트러스 구조라는 점을 제
외하면 원효대교와 다리의 외곽선은 같
다. 힘의 흐름이 같음을 이야기한다.

상판이 굳게 맞물려 있으면 상판의 벤딩모멘트는 교각 부분에서 가장 크다. 교각에 상판을 그냥 올려놓은 상황이라면 상판의 한가운데서 벤딩모멘트가 가장 크다. 교각과 상판의 접합 문제는 다리의 설계자가 선택하면 된다.

다리 제작에는 엄청난 양의 재료가 들어간다. 벤딩모멘트가 큰 부분에는 당연히 더 많은 재료가 필요하다. 따라서 벤딩모멘트의 크기가 작은 부분에도 큰 부분만큼의 재료를 쓴다면 그 낭비되는 양은 무시하기 어려울 정도가 된다.

벤딩모멘트의 크기 변화에 따라 부재의 두께를 변화시킨 구조물의 대표적인 예로 원효대교를 들 수 있다. 원효대교는 교각부터 상판의 각 부분에 걸리는 벤딩모멘트의 크기 변화를 도표처럼 명쾌히 보여준다. 불필요하게 전체를 같은 크기로 만들지 않음으로써 재료는 덜 사용되었고 다리는 가벼워졌다. 또 그만큼 교각과 교각 사이는 넓어졌다. 그 결과물로 만들어진 다리는 한강에 놓인 어느 다리보다도 우아한 모습을 갖게 되었다.

다리의 상판에 가해지는 벤딩모멘트의 변화는 그 재료가 콘크리트이건 강철이건 모두 같다. 선형線形 부재들을 엮어 부재들이 삼각형이 되게 하고 이 삼각형을 모아 만든 구조물을 트러스truss라고 부른다. 트러스 다리들도 각 부재는 인장력, 압축력만을 받지만 전체 모양은 벤딩모멘트의 흐름을 보여준다. 성수대교의 모양이 바로 이 결과치다. 원효대교와 성수대교를 비교하면 재료가 다를 뿐 전체 외곽선은 같다는 점을 알 수 있다.

선유교는 콘크리트 아치를 이용해 만든 다리다. 이곳은

여러 종류의 트러스들. 모든 부재가 삼각형의 조합이 되도록 만들어진 것들이다.

신선의 이미지는 무겁기보다는 가볍고, 굵기보다는 가는 것이다. 이 날씬한 선유교는 신선들이 노닐 만한 다리가 되었다. 이런 날씬함은 만만치 않은 공학적 실력을 요구한다.

공학적인 판단, 경제적인 설득력만으로 보면 굳이 이런 다리를 놓지 않아도 되는 곳이다. 그러나 신선들이 노닐던 곳, 선유도仙遊島 공원에 들어서는 길목의 다리를 만들면서 교각과 상판만으로 이루어진 다리가 합리적이라고 주장할 수만은 없다. 이 무지개다리는 신선이 지나가도 좋을 만큼 우아하고 날씬한 모습을 보여준다.

좀 독특한 다리로는 서해대교와 같은 사장교斜張橋나 광안대교와 같은 현수교懸垂橋를 들 수 있다. 이들은 바다를 가로지르는 다리이다. 바다는 수심이 강과는 비교가 되지 않게 깊다. 그렇다 보니 여기 수많은 교각을 넣는다는 것은 불가능하든지 불합리한 일이다. 따라서 인장력을 이용한 다리로 필요한 교각의 수를 줄이는 것이 합리적이다.

압축력을 받는 주탑
인장력을 받는 인장선

인장력을 받는 1차 현수선
인장력을 받는 2차 현수선

압축력을 받는 주탑

상판이 바람에 흔들리는 것을 막기 위해 트러스로 짠 상판이 얹혀졌다.

사장교인 서해대교(위)와 현수교인 광안대교(아래). 강을 가로지르는 것과는 교각을 세우는 문제에서 요구 조건이 전혀 다르고 엔지니어는 인장력을 이용한 다리를 만들어야 했다.

사장교는 주탑mast을 세우고 여기에 줄을 매달아 다리의 상판을 지지하는 형식을 지니고 있다. 즉 인장력을 이용한 다리인 것이다. 현수교는 한 걸음 더 나간다. 두 개의 주탑 사이를 1차 현수선으로 연결하고 다시 여기서 2차 현수선을 매달아 다리 상판을 고정한다.

강이나 바다를 배경으로 세워진 이런 다리들은 그 자체로 숨 막힐 듯이 아름다운 거대 조각품의 역할을 한다. 토목 엔지니어의 조각품이고 공학적 성취의 명물로 부각되곤 한다. 그렇다 보니 이들은 다리보다는 기념물로 세워지기도 한다. 그래서 물리적으로 요구되지 않는 곳에서 사장교나 현수교가 등장하기도 한다.

이들을 보면 교각과 교각 사이는 확실히 넓다. 재료 사용의 경제성이 시각적 명쾌함으로 곧 느껴지기도 한다. 그 시원스러움과 세련됨은 압축력과 벤딩모멘트를 이용한 다리로는 도저히 상상할 수 없는 것이다.

여의도 샛강다리는 현수교처럼 보이지만 사장교다. 자동차가 다니지 않는 보행교는 하중 조건이 비교적 간단하다. 그래서 선유교의 경우처럼 디자인하는 사람의 창의력이 더욱 부각될 수 있다. 질주가 아니라 산책을 담아야 하는 샛강다리에서 건축가는 S자 모양으로 만곡된 산책로를 만들었다. 그리고 구조체인 주탑은 이 휜 산책로를 지탱하기 위해 비스듬히 기울였다. 교각은 주탑과 인장선의 균형을 잡기 위한 형태를 갖게 되었고 그 결과는 조각으로 분류해도 좋을 정도의 우아한

압축력을 받는 주탑

인장력을 받는 인장선

위) 올림픽대교가 사장교 형식이 된 것은 구조적인 요구보다는 올림픽을 기념하는 멋있는 구조물의 필요 때문이었다. 그러나 막상 준공이 된 시점은 올림픽이 열리고 난 다음 해였다.

아래) 여의도 샛강생태공원의 샛강다리. 주탑이 날씬한 유선형인 것은 압축력을 받는 이 부재가 버클링에 저항하도록 하기 위해서다.

버클링에 저항하기 위한 유선형의 주탑

보행로의 반대쪽으로 균형을 잡기 위한 인장선

보행로를 매달고 있는 인장선

형태였다.

물론 다리의 모양을 이처럼 힘의 흐름을 따라 만드는 데
는 복잡한 기술이 필요하다. 그리고 교각과 교각의 간격을 넓
게 하는 것이 한강처럼 수심이 깊지 않은 강에서 항상 경제적
이라고 주장할 수만도 없다. 현수교를 만드는 배경에는 대개
수심이 워낙 깊어 교각을 많이 세우는 것은 합리적이 아니라
는 판단들이 깔려 있기 때문이다. 이런 구조물들은 적어도 "다
리는 강을 가로지르는 구조물이다. 따라서 사람과 자동차가 그
위를 지나다닐 수만 있으면 된다"는 다분히 극단적인 실용성
외에 무언가 다른 세계가 있음을 보여준다. 벤딩모멘트의 변화
에 관계없이 전체 부재를 같은 두께로 만들면 시공은 훨씬 간
단하다. 그러나 그 속에 들어 있는 팽팽한 힘의 흐름은 보여줄
수 없다. 그리고 우리는 이 디자인이 흡족한 것이라고 하기에
머뭇거리게 된다.

명쾌하게 이야기하는 세계

다리를 설계하는 것은 구조 엔지니어들이다. 혹은 구조 엔지
니어들과 철학을 공유하는 건축가들이다. 주어진 자연적인 한
계를 넘어 구조적인 도전을 하는 것이 엔지니어들에게 주어진
과제라고 한다면 그 답을 얻는 과정의 명쾌함은 엔지니어들이
지닌 사고의 특징이라고 할 것이다. 엔지니어들은 건축가들보
다 훨씬 더 많은 부분에서 더 명료한 객관성의 검증을 요구받
는다. 따라서 엔지니어들이 만드는 구조물을 뜯어보면 군더더

기들이 별로 없다. 애매한 부분도 거의 없다. 또 왜 그런 모양이 나왔는지가 논리적으로 쉽게 파악된다.

한강철교를 통해 그 논리를 들여다보자. 용산과 노량진을 잇는 한강철교는 남쪽은 철골로 된 트러스가 엮여 있고 북쪽은 단순히 교각 위에 상판만 얹혀 있는 모양이다. 이를 통해 우리는 이 다리를 설계한 엔지니어가 북쪽보다 남쪽에 더 교각 사이가 긴 다리를 만들려고 했다는 것을 짐작할 수 있다. 그리고 그 배경에 명쾌한 경제성의 논리가 깔려 있을 것으로 생각하는 건 타당하다. 즉 남쪽의 수심이 북쪽의 수심보다 더 깊으리라고 짐작할 수 있는 것이다. 다리 공사에는 수심이 가장 중요한 변수다. 흘러가는 물속에서 공사를 해야 하는 상황에서 수심조차 깊다면 그 난관은 짐작할 수 있다. 수심이 깊을수록 교각의 깊이도 깊어져야 하고 공사는 어려워진다. 시공비는 더 올라가고 공사 기간은 늘어난다. 트러스를 짜 넣더라도 교각 사이를 더 넓게 하는 것이 경제적이라고 엔지니어는 결론을 내렸을 것이다. 물론 수심이 낮은 북쪽에서는 반대의 결론이 났을 것이다. 한강철교는 이 논리를 고스란히 보여주고 있다.

성산대교는 이와는 좀 다른 이야깃거리를 제공한다. 원효대교, 성수대교와 같이 이 다리의 트러스는 벤딩모멘트의 흐름을 보여준다. 그러나 그 외부에는 이의 표현을 가로막는 초승달 모양의 부재가 하나 덧붙여 있다. 이 덧붙여진 부재는 벤딩모멘트의 흐름과 전혀 관계없는 모습을 하고 있다. 오히려 뒤집혀진 모습을 보여준다. 벤딩모멘트를 고스란히 따라가면서

위) 한강철교에는 트러스를 이용해서 교각의 수를 줄인 남쪽 부분과 단순히 상판이 올려진 북쪽 부분이 함께 보인다. 기차라는 엄청난 하중을 견뎌야 하므로 설계자는 더 신중할 수밖에 없었다.

아래) 성산대교의 '초승달'은 구조적으로 무의미한 철판으로 오히려 다리에 하중만 더해주고 있다. 다리의 명쾌한 아름다움은 이 철판 뒤에 묻혀 있다.

이 철판은 구조적으로 무의미하다. ┈┈┈┈┈┈┈┈

이 부분의 벤딩모멘트가 가장 크다. ┈┈┈┈

만들어져 꽉 짜이고 시원하게 뻗은 성산대교의 아름다움은 이유 없이 덧붙여진 판 뒤에 가려져 잘 보이지 않는다. 이 덧붙여진 부재는 엔지니어의 명쾌한 논리가 아닌 또 다른 의지의 개입에 의하여 만들어졌을 것이라는 추측을 할 수 있다.

건물의 뼈대

구조적 사고의 명쾌함은 많은 건축가들 역시 추구하고 공유하는 부분이기도 하다. 동숭동에 있는 형원빌딩에서는 건축가가 추구한 구조적인 도전을 간판의 숲 너머로 훔쳐볼 수 있다. 여기서 건축가는 건물 이곳저곳에 기둥을 세우지 않고 모서리 네 곳에만 기둥을 세웠다. 슬래브는 모서리 기둥에 매달았다. 그리고는 이 구조적 특징을 강조하기 위하여 모서리를 모두 파내 기둥과 인장력을 받는 부재들을 밖으로 노출했다. 이는 구조적 개념의 참신함과 그의 적극적인 표현이 건물에 드러난 좋은 예다.

　건축가가 설계하는 건물 중에서 가장 조건이 복잡한 것으로는 병원을 첫손에 꼽을 수 있다. 그러나 주차장, 상업 시설, 주거가 중첩되는 주상복합건물도 만만치 않다. 공간이 요구하는 기둥의 간격과 설비의 위치가 모두 다르기 때문이다. 그래서 그 설계는 최고 난도의 퍼즐 맞추기라고 해도 좋을 정도다.

　부띠크 모나코에서도 상부의 오피스텔과 하부의 상업 시설들이 요구하는 기둥의 간격이 모두 달랐다. 건축가는 거대한 트러스로 상부의 기둥들을 모두 받아내서 1층에 기둥이 별로

구조 형식은 건물 꼭대기에
과장되게 표현되어 있다.

인장력을 받는 부재. 보를 기둥에
부축하여 달아낸 모습을 보여준다.

위) 대학로의 간판에 가려 형원빌딩의
구조체를 쉽게 읽기는 어렵다. 그러나
기꺼이 파낸 모서리 덕분에 인장재와 압
축재는 명확히 구분, 강조되어 보인다.

아래) 부띠크 모나코의 무질서해 보이는
구조체들은 논리적인 판단의 결과물이
다. 그래서 잘 읽으면 밖으로 드러나지
않는 기둥의 위치를 파악할 수 있다.

압축력을 받는 부재

인장력을 받는 부재

이 부분에는 기둥이 없음을 주목하자.

오피스텔의 기둥 위치

비교적 작은 압축력을 받는 부재

지붕의 무게를 기초에 전달하는 압축재
인 기둥. 버클링을 감안한 형태다.

지붕을 매다는 인장재.
하나가 끊어져도 다른 하나로 버틴다.

지붕이 바람에 들어 올려지는 것을
대비한 인장재.

없는 시원한 공간을 만들고자 했다. 건축가는 이 트러스에서
부재의 굵기 변화를 통해 압축재와 인장재를 확연히 표현하고
있다. 같은 압축재여도 하중을 많이 받아야 하는 부재는 그만
큼 굵은 모습을 보이고 있다. 그 결과물은 교량에 사용되던 것
과 같은 트러스라고는 믿어지지 않을 정도로 세련된 모습이다.

올림픽이나 월드컵 경기는 운동선수들뿐 아니라 건축가
들의 국제적인 경쟁장이 되기도 한다. 전 세계로 번져나가는
텔레비전 중계 화면에는 운동선수들뿐 아니라 배경에 서 있는
경기장의 모습도 한눈에 들어온다. 이 때문에 올림픽과 월드컵
은 건축가들의 자존심 경쟁장이 되기도 한다.

서울 월드컵 경기장은 많은 경기장 중에서도 서울에 지어
진다는 사실 때문에 다른 경기장보다 더욱 많은 관심의 대상이
되었다. 이 건물이 방패연 모양이라는 사실은 대중적으로 널리
알려지기는 했다. 그러나 중요한 것은 한국의 전통적인 물건에
서 형태를 따왔다는 사실이 아니다. 정말 이야기가 되어야 할

커다란 방패연으로 알려져 있는 서울
월드컵 경기장. 구조적인 논리가 없었
다면 이 큰 방패연은 건축이 아닌 그림
이었을 것이다. 건축은 그리 호락호락한
대상이 아님을 이 건물은 이야기한다.

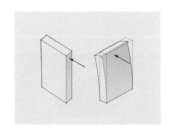

이 상자는 오른쪽 그림과 같은 방향의 힘에 더 쉽게 휜다. 고층 건물은 그래서 대개 넓은 면에 가해지는 풍하중에 지탱하기 위한 별도의 구조체를 갖고 있다.

건물이 휘는 것을 ……
막기 위해
덧붙여진 뼈대들.

대개의 고층 건물은 풍하중에 지탱하기 위해 필요한 구조체, 즉 가새를 건물 안에 숨기고 있다. 그러나 두산빌딩에서는 이 구조체를 오히려 강조하여 건물의 중요한 의장 요소로 만들고 있다.

것은 형태 자체보다 그 형태를 가능하게 하는 논리다. 인장력을 이용한 부재로 허공에 사뿐히 매달린 지붕은 그 거대한 크기에도 불구하고 방패연과 논리적 유사성을 보여준다. 형태적인 유사성은 이 논리적 유사성에 의해 동의를 얻게 되는 것이다.

건물이 고층화되면 바람에 의한 힘, 즉 풍하중이 문제되기 시작한다. 굴뚝과 전봇대가 받는 그 바람을 건물도 받게 된다. 건물의 높이가 대략 60층을 넘으면 이미 자중自重에 의한 수직력보다 바람에 의한 수평력이 더 커지는 것으로 알려져 있다. 고층 건물들은 이 풍하중을 견뎌내기 위해 좀 더 복잡한 구조 형식을 갖게 된다. 고층 건물들은 대개 직사각형의 평면 형상을 가지고 있다. 이런 고층 건물은 넓은 면에 가해지는 풍하중이 문제가 된다. 건물이 더 쉽게 휘어지기 때문이다. 반대로 좁은 면에 가해지는 풍하중은 구조체에 크게 변형을 주지 않는다. 전문적인 단어로 표현하면 그쪽 방향으로 단면 2차 모멘트가 크기 때문이다. 쉽게 생각하여 넓적한 판을 놓고 손으로 휘어보면 차이를 곧 느낄 수 있다. 두산빌딩은 횡력에 저항하기 위한 부재를 선입견 없이 당당히 외부에 드러냈다. 그만큼 이 건물은 박력 있는 외관을 갖게 되었다.

건물의 내장 기관

건물의 뼈대가 완성되면 설비를 챙겨 넣어야 한다. 실내 온도나 조명 밝기 등을 조절하는 것이 이 설비들이다. 이들은 사람이 건물 안에 들어가서 사는 데 빠질 수 없는 요소이다. 그러나 이것들은 온갖 전선과 파이프들의 집합이어서 인체로 보면 해부학 책에나 등장할 만한 것들이다. 그래서 대개의 건축가들은 이들을 될 수 있으면 보이지 않는 곳에 몰아넣고 싶어 한다.

이런 문제가 나오면 대개의 사람들은 "건축가가 그런 것도 해요?" 하고 의아해한다. 물론 이런 문제들도 건축가들이 직접 계산하고 그려내는 부분은 아니다. 구조의 경우와 마찬가지로 기계 설비, 전기 설비를 전공한 엔지니어들과 협력하여 진행해나가는 작업이다. 건축가는 엔지니어들이 제시하는 여러 가지 제안과 그 가능성을 놓고 선택하고 결정을 내린다. 그리고 온갖 파이프가 실내 공간을 해치지 않고 제구실을 하도록 공간을 지정해준다.

건축가들 중에는 구조체를 밖으로 표현하는 것이 가치가 있다면 설비인들 그렇지 않을 이유가 없다고 생각하는 사람들도 있다. 이 설비들은 구조체를 파악하는 원리보다 훨씬 더 복잡하고 다양한 변수를 가지고 있다. 각 파이프와 전선이 도대체 어디서 시작되어 어디로 연결되어 가는 것인지를 꼬집어 지적하는 것은 건축가로서도 사실 어렵다. 인체에서 뼈의 수는 알아도 핏줄의 수는 알기 어려운 것과 흡사하다. 그러나 굳이 따지고 들어가면 이들은 모두 뚜렷한 존재 의미를 가지고 있다.

이런 물리적인 요소들을 건물 외부에 노출하여 생기는 시각적 다양함에 주목하는 건축가들이 있다. 우리의 사고에서 합리적으로 설명 가능한 부분의 영역을 넓혀가고 그것을 우리 눈앞에 보여주겠다는 건축가의 아이디어가 여기 깔려 있다. 물론

분당 올림픽스포츠센터에서는 냉난방을
위해 공기를 실어 나르는 설비들이 밖에
드러나 있다. 각 층에 공기를 보내는 원
천은 옥상 어딘가에 있음이 읽힌다.

이처럼 건물을 이루는 시스템을 모두 밖으로 꺼낼지의 여부는
논리의 문제라기보다는 건축가들의 취향의 문제라고 하여야
할 것이다. 이는 여자들이 화장을 하는 것을 논리의 문제라기
보다는 취향의 문제로 해석해야 한다는 것과 맥이 닿는다고 볼
수 있다.

　건물을 이루는 물리적인 시스템을 밖으로 드러내려는 건
축가들은 도대체 뭘 이야기하려는 걸까. 철골 건물임을 애써
표현하는 예처럼 이들도 때로 과장된 모습을 보이기도 한다.
이들이 실제로 보여주고자 하는 내용은 건물의 물리적 형태가
아니다. 이들은 아름답게 보이도록 애써 노력하는 데 관심이
없다. 이들은 건물이 이루어지는 과정을 때로는 담담하게, 때
로는 과장하여 보여주고자 한다. 건물을 만드는 데 쓰인 현대
의 기술이 이들이 찬양하려는 대상이다.

　벽돌이나 돌로 아치를 만드는 것은 분명 복잡한 작업이다.

형틀을 짜고 아치를 쌓느니 차라리 철이나 콘크리트로 된 인방을 하나 쓰고 다시 그 위에 벽돌을 쌓는 것이 경제적인 방법임에는 틀림없다. 그러나 아치는 벽돌이 이룬 가장 위대한 기술적 성취다. 그리고 그 성취는 아직도 이맛돌을 만들어 넣는 이들에 의해서 찬미되고 있다.

교각과 상판으로 이루어진 다리는 간단하다. 이런 값싼 다리가 가장 가치 있던 시대가 아마 있었을 것이다. 그 간단함은 만들기 쉽다는 의미에서의 간단함을 의미하는 것이다. 그리고 만드는 이가 지닌 사고의 단순함을 의미하는 것이기도

수덕사 대웅전은 맞배지붕으로 유명한 전통 건축의 고전이다. 지붕 아래 죽죽 뻗어 나온 구조체를 통해 건물 내부 천장 구조를 가늠할 수도 있다. 이처럼 구조체의 구성 논리를 가감 없이 보여주면서 건물을 만드는 것은 유서 깊은 건축 정신이다.

하다. 사고의 명쾌함과는 분명 다른 것이다. 그것은 건너자는 의지 이외에 우리에게 보여주는 바가 없다. 문화라는 덕목으로 거론할 만한 구석이 별로 없는 것이다. 이들은 '대교'라는 이름으로 부르면서 후손에게 물려주기에는 너무나 부끄러운 것들이다. 가장 값싼 것이 가장 가치 있는 사회에서는 가장 값싼 문화가 만들어진다.

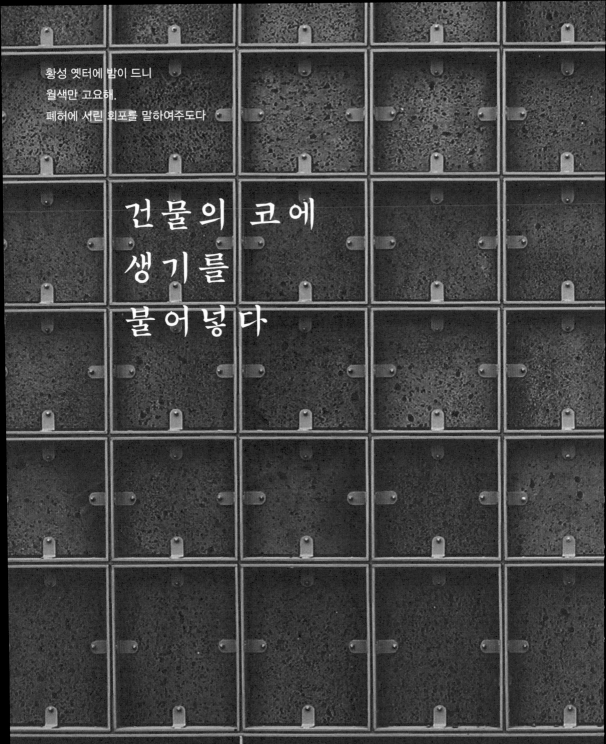

황성 옛터에 밤이 드니
월색만 고요해.
폐허에 서린 회포를 말하여주도다

건물의 코에
생기를
불어넣다

움직임

500년 도읍지를 필마로 돌아드는 이가 느꼈을 스산함은 어떤 것이었을까. 역사의 한 부분을 떠들썩하게 채워 넣던 도읍지였을망정 인걸이 간데없어지면 폐허가 된다. 폐허는 사람이 없어야 폐허가 된다. 있다 해도 시대에 맞지 않는 사람들, 알록달록한 반바지를 입고 사진기를 멘 사람들이 대신 들어 있어야 한다.

사람은 공간에 에너지를 채워 넣는 가장 중요한 소도구다. 소도구라는 말이 적당하지 않다고 느끼는 사람들에게는 중요한 공간의 구성 요소라고 표현하는 것도 좋겠다. 뭐라고 부르든 잠시만 주위를 돌아보자. 사람이 공간을 살아 있는 유기체로 만드는 가장 중요한 요소라는 사실을 곧 알 수 있다.

공간 속의 움직임

건물이 만들어졌으면 이를 채워 넣어야 한다. 물론 공간은 사람으로 채워진다. 어느 공간은 듬성듬성하게 채워지고 또 다른 공간은 빽빽하게 채워진다. 사람이 빽빽한 공간으로는 시장이 있다. 시장은 시끌벅적해야 시장이 된다.

시장에 가면 단지 물건을 사고파는 것을 넘어서 사람과 물건이, 사람과 사람들이 서로 부대끼며 오가는 잡다한 경험을 하게 된다. 인구 밀도가 높은 도시에서는 거리가 통째로 시장 구실을 하기도 한다. 물론 꼭 뭔가를 사고판다는 의미의 시장이 아니다. 다종다양한 사람들이 좀처럼 예측하기 어려운 이벤트를 만들고 보여준다는 의미의 시장이다. 옷을 고르기 위해서, 아이스크림을 먹기 위해서 그리고 때로는 사람을 구경하기

전설로 남은 황학동 벼룩시장. 청계천 복원과 함께 이전한 이 공간은 길은 통과를 위해서만 존재하는 곳이 아니라는 주장의 뜨거운 증거였다.

위해서 사람들은 시내로 향한다. 사람 구경만큼 재미있는 것이 또 있을까.

　백화점은 건축가가 만드는 시장이다. 따라서 백화점에는 부산함이 가득 채워져 있어야 한다. 경영 전략에 따라 화랑에서 그림 고르듯이 넥타이를 고르게 하자는 백화점도 없는 것은 아니다. 그러나 사람이 없는 백화점은, 좀 더 정확히 이야기하면 사람의 움직임이 없는 백화점은 맥 빠진 백화점이다. 시장을 시장답게 설계하는 것이 건축가가 하는 일이다. 백화점을 설계하는 건축가가 할 일은 사람들에게 시장의 분위기를 느끼도록 해주는 것이다. 뭔가 신나는 일이 있을 것만 같은 들뜬 공간을 만들어야 한다. 그러기 위해서 건축가들은 가장 중요한

소도구들을 눈앞에 모두 늘어놓는다. 사람이 움직이는 곳, 사람을 실어 나르는 것, 사람이 없어도 혼자 움직이는 것, 실제로 움직이지 않아도 움직이는 듯이 보이는 것들을 모두 노출해 오가는 사람들이 서로를 구경하게 한다. 계단, 엘리베이터, 에스컬레이터, 복도가 모두 그런 것들이다.

여러 명이 모여서 이야기를 하다 보면 문수보살의 지혜를 얻을 수 있다. 그 지혜를 찾는 곳이 연구원이니 거기서 중요한 것은 모여서 이야기를 하는 것이다. 아산정책연구원의 건축가는 그렇게 서로 이야기를 나누려면 여기저기서 우연히 만날 수 있는 개방된 공간이 필요하다고 판단했다. 건축가의 이런 가치관은 건물 내부의 거대한 홀을 모두 유리로 만들고, 복도를 건

건물로서의 아산정책연구원은 은밀하게 앉아 있지 말고 서로 이야기를 나누면서 지혜를 얻으라고 권유하고 있다.

왼쪽) 과천 코오롱 사옥에서는 엘리베이터뿐 아니라 에스컬레이터도 유리 너머로 복잡한 기계 장치를 숨김없이 보여준다.

오른쪽) 20세기 초반 유럽에는 기계를 낭만적으로 찬미하던 이들이 있었다. 그들이 오늘날 누드 엘리베이터를 보면 그 정교한 움직임에 반해 하루해를 꼬박 그 앞에서 보낼지도 모를 일이다.

물에서 가장 중요한 곳으로 만들었다. 건물 곳곳을 종횡무진 뚫고 지나가는 이 동선 공간들은 결국 사람들의 움직임을 서로에게 노출한다. 그리고 호객과 흥정이 떠들썩한 시장처럼 끊임없는 접촉과 토론을 강력하게 권유하는 장치가 된다.

움직임과 관련하여 건축가들이 특히 좋아하는 소도구로는 에스컬레이터만 한 게 없다. 에스컬레이터는 엘리베이터로서는 도저히 따라갈 수 없는 수송 능력과 개방감을 가진 발명품이다. 이 신기한 물건은 자신이 움직이는 물체이면서 어디에 가져다 걸어도 3차원의 대각선으로 가로질러 걸려야 하므로 공간에 박력을 주는 데는 더없이 좋은 장치이다. 시장 거리를 만들겠다고 작심한 건축가는 에스컬레이터들을 무작위로 던져놓은 듯이 배치하기도 한다. 잘 정돈되어 있으면 시장이 아니다. 우선 들어가면 정신이 없어야 한다.

미술관을 설계한다면 이야기는 물론 달라진다. 관찰자와 그 대상 사이에 어수선한 흥정이 아닌 고요한 관조가 존재해야

하기 때문이다. 이럴 때 건축가는 에스컬레이터를 다소곳하게 정렬해놓을 것이다.

엘리베이터는 에스컬레이터보다 훨씬 공간을 덜 차지한다는 장점은 있으나 에스컬레이터에 비해 덜 역동적이기도 하다. 하지만 움직임을 보여주려는 목적 아래 새로운 아이디어는 계속 등장한다. 속이 훤히 보이는 엘리베이터는 누드 엘리베이터라는 이름으로 불리기 시작했다. 이 엘리베이터는 과연 속옷도 입지 않고 피부도 없이 내부의 복잡한 기계 장치가 작동하는 것을 고스란히 보여준다. 엘리베이터 내부의 신기한 기계 장치들은 외부로 다 노출되어 '움직이는 조각kinetic sculpture' 같은 느낌을 주기도 한다.

계단은 자체가 움직이지는 않지만 움직임을 수용한다는 전제로 존재하는 공간이다. 그리고 속성상 반복되는 부재가 많아 움직임을 표현하기에 아주 좋은 부분이다. 게다가 항상 3차원으로 존재해야 한다는 점에서 에스컬레이터와 상통하는 점

계단은 움직임을 전제로 하는 공간이다. 삼성플라자에 있는 두 종류의 계단은 다른 재료로 이루어져 있지만 같은 디자인 의지를 보여준다. 모두 가볍고 날씬하게 떠 있는 듯 보이게 하여 그 움직임을 표현하려고 하는 것이다.

이 있다. 그러나 계단은 사람들이 딛고 오르내려야 한다는 현
실적인 문제가 있다. 따라서 각 부분의 치수를 건축가가 마음
대로 바꾸기는 어렵다. 또한 부재들이 모두 3차원적으로 배치
되어야 한다는 점 때문에 건축가들은 생각 또한 항상 3차원으
로 해야 하므로 좀 골치 아픈, 그러나 매력 있는 존재다.

　　사무소 건물의 화장실 언저리에 비상구라는 표지를 이마
에 달고 있는 계단도 있다. 오로지 오르내려야 하는 기능을 위
해 존재하는 부분이다. 그러나 공공건물의 로비에서처럼 우아
한 조각품 같은 대접을 받게 되는 경우도 있다. 영화 〈바람과
함께 사라지다〉에서 붉은 카펫이 깔린 우아한 계단을 빼고 비
비언 리를 생각하기는 어려울 것이다.

　　　　　　　　그러나 현대에는 이렇게 곡선이 많고 묵
직한 계단보다는 아무래도 날씬한 계단을 선
호하는 건축가들이 많다. 이를 위해서 건축가
는 꽤 오랜 시간 계산기를 들고 고민해야 한
다. 디딤판과 챌판의 개수와 그 치수를 놓고
조정하면서 계단을 만들어가야 하기 때문이
다. 우리는 계단이 얼마나 부드럽고 우아하게
움직임을 표현하는가의 기준만 가지고도 그
계단의 가치를 판단할 수 있다.

　　　　　　　　계단은 사람들이 쉽게 오르내릴 수 있어
야 한다. 그러나 항상 그런 것은 아니다. 공주
에 자리한 황새바위 순교성지 순교탑은 순교

가파르기만 한 황새바위 순교성지 순교
탑의 계단. 육신이라는 짐을 짊어지고는
이 계단 끝에 오른 이가 없다고 이야기
하는 듯하다.

의 의미를 건축적으로 풀어서 보여주는 장치여야 했다. 건축가가 선택한 도구는 계단이었다. 건축가는 좁은 문을 연상시키는 틈 사이에 걸어서 올라가는 것은 거의 불가능한 계단을 배치하였다. 그리고 그 계단 끝에 십자가를 세웠다. 이 순교탑은 계단을 통해 순교의 의미를 절절하게 이야기하는 것이다.

움직임을 보여주다

건축가 중에는 움직임이 표현되는 요소들을 적극적으로 건물의 외관으로 끌어내는 이들도 있다. 밖으로 드러난 누드 엘리베이터, 계단, 경사로 들은 도시의 거리에 볼거리를 주는 또 다른 소도구이다.

실내에서 벌어지는 움직임들은 창을 통해 밖으로 표현된다. 물론 건물 안에서 벌어지는 사건이 창을 통해 미주알고주알 알려지지는 않는다. 그러나 건물에 사람이 살고 있다는 사실, 건물이 사람을 위해 지어졌다는 사실은 창을 통해 표현된다.

사람이 아닌 물건을 위해 존재하는 건물도 있다. 창고에 창이 없어도 되는 이유는 이 공간이 물건을 위해 존재하기 때문이다. 전산 센터라고 하는 곳도 사람보다는 컴퓨터가 대접을 받는 건물이고 여기서도 창은 거의 필요하지 않다. 백화점도 사실은 인간의 거주보다 물품의 판매를 위해 존재하는 곳이니 여기서도 창은 필요 없다.

건축가들은 때로 공간의 모양을 가지고 움직임을 표현하기도 한다. 앞서 길이가 긴 공간과 도형은 그 길이 방향의 움직

지하철 환승역은 우선 걷는 길이 짧아야 한다. 충무로역은 같은 시기에 지어진 노선의 환승역이어서 이 미덕을 만족시키고 있기도 하다.

임을 가지고 있다고 하였다. 직각보다는 예각이 더 역동적으로 보인다고도 하였다. 이런 성격을 이용하여 건축가는 공간의 역동성을 강조하기도 한다.

지하철역은 우리가 경험하는 공간 중에서는 폭에 비해 길이가 가장 긴 공간일 것이다. 지하철역은 열차를 기다리는 곳이지만 언제나 이동을 전제로 한다. 이곳 역시 움직임의 공간인 것이다. 그러나 대개의 지하철역에는 움직임의 역동성보다는 기다림의 우울함이 더 강조되어 있다. 특히 지하철을 갈아타는 것은 그다지 신나는 경험은 아니다. 대개 튜브 속 같은 연결통로를 지루하게 그리고 옆 사람과 경쟁적으로 걸어야 하기 때문이다. 그러나 충무로역에서 건축가는 환승역의 장점을 십분 살리고 있다. 건축가는 여기서 사선으로 교차하는 긴 공간과 그 각도를 연결 통로 없이 고스란히 노출했다. 충무로역에서 지하철을 갈아타는 것은 전혀 다른 경험이다. 여느 환승역과는 기본적으로 다른 공간적 에너지를 충무로역은 가지고 있다.

건물의 코에 생기를 불어넣다

움직이는 우리

건물은 움직이지 않는다 하여도 우리는 움직이며 돌아다닌다. 그래서 건축가들은 여러 공간을 연결하면서 나름대로 시나리오를 생각한다. 여기서는 뭐가 보이고 저기서는 어떻게 느껴질지 고민하는 것이다. 건물을 돌아다니는 사람들의 움직임을 예측할 수 있게 되면 건축가는 영화에서처럼 적극적인 것은 아니어도 공간 체험의 시나리오를 만들어볼 수 있다. 이 시나리오는 아주 먼 진입로부터 시작될 수 있다.

산사山寺에 가면 여러 겹으로 이루어진 공간을 지나게 된다. 일주문에서 시작하여 천왕문을 지나 대웅전에 이르기까지 그때마다 다른 공간이 형성된다. 사무소 건물이면 출근하는 사람들은 거리에서 로비를 지나 엘리베이터, 복도를 거쳐 자기 책상에 앉게 된다. 이들은 모두 다른 공간이다. 이런 다른 느낌들이 시나리오의 바탕이 된다.

건물이라고 하면 여러 가지 서로 다른 크기와 기능의 공간이 각각의 위계를 가지고 맞물려 있게 된다. 건축가들은 이때 사람들이 공간을 지나면서 느낄 감정을 어떻게 다스릴지 고민한다. 처음부터 다 보여주면 건축은 재미가 없다. 건축가들은 갑자기 공간을 변화시키기도 하고, 언뜻 다음 공간의 일부를 보여주어 호기심을 불러일으킨 후 천천히 공간을 변화시키기도 한다. 좁은 공간, 넓은 공간, 밝은 공간, 어두운 공간을 작곡가가 음표를 늘어놓듯이 배열한다. 건축가는 공간이라는 악보에 크레셴도cresc.와 디크레셴도decresc.의 악상 기호를 붙이면

낙선재 후원의 월문月門. 그 너머에 뭐가 있을까 하는 비밀스런 호기심을 불러일으킨다.

왼쪽) 이 길을 걸으며 마음을 가다듬으라는 경동교회 진입로. 오른쪽 담장은 왼쪽 건물 벽체만큼이나 꼼꼼하게 설계되었다. 그만큼 그 사잇길은 범상해 보이지 않는다.

오른쪽) 아담한 크기의 옛 공간 사옥. "이 작은 건물에서 길을 잃는 즐거움을 느꼈다"고 하는 이가 있을 정도로 다양한 공간 변화를 보여주는 건물이다.

서 건물을 만들어나간다. 창, 문, 계단, 복도로 공간을 이어가면서 그 매듭의 건너편에 무엇이 있는지를 얼핏 비춰 보여주기도 하고 감추기도 하면서 공간의 드라마를 엮어나가는 것이다.

지나치게 성격이 다른 공간 사이에는 완충 공간을 두기도 한다. 저잣거리 복판을 걷다가 어떤 건물의 문을 열고 들어섰는데 그게 바로 성당이었다고 하면 그것처럼 당황스런 일도 없을 것이다. 속세에 있다가 성스러운 곳에 가려면 마음 곳곳에 묻어 있는 번뇌의 때를 씻어내야 한다. 절은 대개 인적이 드문 산 중턱에 있고 교회는 도시의 언덕 꼭대기에 있기를 좋아한다. 그러나 경동교회는 언덕 꼭대기가 아니라 번잡한 저잣거리에 바로 인접해 있다. 속세의 한가운데 들어앉아 있는 것

건물의 코에 생기를 불어넣다

이다. 여기서 건축가는 거리를 등지게 교회를 들어앉혔다. 교회로 들어가려면 우둘투둘한 벽돌 계단을 따라 건물을 빙 돌아가야 한다. 그동안 마음을 추스르라는 것이 건축가가 하는 이야기다.

음량이 갑자기 커지는 부분을 강조하기 위해 작곡가들은 그 앞부분에 피아니시모$_{pp}$를 적어 넣기도 한다. 공간도 그렇다. 커다란 공간에 들어가기 전에 아주 좁고 낮은 천장을 거치게 하면 그 커다란 공간의 크기가 부풀려져 깜짝 놀랄 만큼 크게 느껴지기도 한다.

관찰자의 움직임에 따른 공간의 변화는 말로 설명하기도, 사진으로 표현하기도 어렵고 온몸으로 느껴지는 것이다. 그러므로 여기서 몇 줄 허튼 설명으로 이야기하기에는 어려움이 있다. 그러나 이 움직임에 따른 공간의 전개야말로 건축에서 가장 즐겁고 흥미롭게 음미할 수 있는 부분이라 할 수 있다. 건물은 항상 거기 있다. 돌아다니면서 느껴보는 것은 우리 몫이다.

느낌

해마다 쏟아져 나오는 자동차 종류는 다양하다. 그리고 이들을 평가하는 기준도 그만큼 다양하다. 그 판단 기준은 시각적인 것에 그치지 않는다. 물론 얼마나 유행에 민감한 스타일인지가 첫 번째로 우리 시선을 끈다. 그러나 이것은 잡지 광고나 대리점 진열장 너머에 있는 자동차를 판단할 경우에 국한된다. 기회가 되면 우리는 차를 타고 이것저것 손에 닿는 것들을 작동해보기도 하고 소리도 들어본다. 그리고 차를 거리로 몰고 나가보기도 한다. 단지 두 눈으로 보는 것이 아니라 온몸으로 느껴본 후에야 우리는 제대로 된 판단을 내릴 수 있다.

자동차를 느끼는 첫 단계는 문을 여는 순간이다. 손잡이의 디자인에 얼마나 꼼꼼히 신경을 썼는가 하는 것은 운전석에 앉아보기도 전에 그 차가 얼마나 제대로 만들어졌는지를 추측하게 해준다. 자동차 문은 좀 화가 난 듯이 닫아봐야 한다. 그

문이 닫히면서 내는 소리의 중후함도 자동차 디자인의 품위를 드러내준다.

만져보다

다시 건축이 조각과 다른 점을 찾아보자. 조각 작품은 만지면 안 되지만 건물은 마음대로 만져도 된다. 오히려 건물은 만져 보지 않으면 제대로 감상할 수 없다. 실내로 들어가려면 제일 먼저 입구의 문을 열어야 한다. 문손잡이를 잡았을 때, 거기서 무언가 범상치 않은 부분이 발견된다면 우리는 건물 전체에 기대감을 갖게 된다. 이처럼 건물에는 반드시 '만져보거나 거쳐 가야만 하는' 부분들이 있다. 문손잡이, 계단 난간, 화장실의 수도꼭지 같은 것들은 모두 그런 과정을 통해 건물의 품위를 대변해주는 것들이다.

교회 문의 경우 건축가들은 좀 무겁고 여는 데 좀 더 힘이 쓰이는 것을 사용한다. 우선 이런 묵직함은 종교 건물에서 당연히 기대되는 엄숙함이 구체적인 건물의 무게로 표현되는 것이기도 하다. 그러면서 문을 여는 동작의 속도를 좀 줄여서 그 안으로 들어갈 마음의 준비를 하게 하는 장치가 되기도 한다.

절에 가면 대웅전에 이르는 동안 우리의 발부리를 잡는 것들이 많다. 대웅전에 이르면 우리는 높다란 계단을 오르고 또 신발도 벗어야 한다. 대웅전의 섬돌은 크기도 작아서 신발도 조심조심 벗어놓아야 한다. 허위허위 올라왔던 우리의 발걸음은 이때쯤이면 산조散調의 진양조 정도로 늦춰져 있다. 대웅

대웅전의 섬돌과 거기 놓인 신발. 조심조심 올라선 모습이 보인다. 그러나 신발은 섬돌 아래 벗어놓는 것이 예라고 한다.

왼쪽) 사방이 훤히 뚫린 연경당. 뒷마당까지 뚜렷이 보일 정도로 개방적이지만 사실은 섬돌 아래 신발을 벗어놓은 이만 들어설 수 있다.

오른쪽) 경상북도 성주군 대산동 한주 종택의 안채로 난 문. 문은 문이로되 되도록 자주 들락거리지 말고 들락거려도 조심스러워야 한다고 이야기한다.

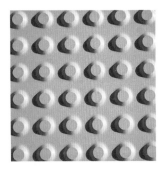

지하철 승강장의 안전선 경계석. 눈이 보이지 않아도 발끝의 감촉으로 이야기를 전달하려고 한다.

전 안과 밖은 비록 물리적으로는 창호지 한 장 정도의 간격이지만 실제로는 극락과 사바 사이의 아스라한 거리를 갖고 있다. 창호지 한 장 두께는 참배자가 시간을 갖고 마음을 고르는 사이에 그 먼 거리로 바뀌는 것이다.

한옥의 내·외부 공간은 시각적·구조적으로는 다 통해 있으면서도 막상 사용하는 과정에서는 엄격히 구분된다. 한옥은 대문을 열고 들어간다고 해도 그냥 뚜벅뚜벅 걸어 들어갈 수 없다. 문지방이 있어서 이를 넘어 들어가야 한다. 게다가 이 문지방들은 다들 높아서, 들어오라기보다 들어오지 말라는 소리를 하고 있는 듯도 하다. 이 장애물은 거리에서와는 다른 마음가짐을 요구하는 공간적 장치다. 실내에 들어서면서는 신발을 벗는 의식을 통하여 뚜렷하게 내·외부가 구분된다. 우리의 행동을 통제함으로써 공간은 이처럼 적극적으로 구분된다.

발로 접촉을 하게 되는 부분도 있다. 지하철역 승강장 끝

건물의 코에 생기를 불어넣다

단의 노란 안전선에서 볼 수 있는 볼록볼록한 부분을 우선 생각하면 된다. '조심하라'는 메시지를 전달하는 이런 장치들은 발끝으로도 건축적 메시지가 전달될 수 있음을 알려준다. 이렇게 발끝에 와 닿는 감촉을 달리함으로써 공간적 체험에 변화를 주는 예를 찾아 종묘에 가보자. 종묘는 죽은 이의 신주를 모신다는 점에서 가장 초월적이고, 그들이 살아서 왕이었다는 점에서 가장 엄숙한 공간이다. 그 엄숙함은 우리를 받치는 발바닥을 통해 전해진다. 정전正殿 앞 월대月臺에 가득히 깔린 투박한 박석薄石은 이곳이 세사世事를 위하여 마련된 공간이 아님을 온몸으로 느끼게 해준다. 아무리 세상이 바뀌어 입장료만 내면 누구나 올라설 수 있게 되었어도, 원래 침묵과 명상으로 경건히 채워져야 할 공간임을 감촉으로 환기한다.

  도시에서는 반질반질하게 잘 닦인 돌판이 깔린 인도를 걷게 되는 경우가 있다. 때로는 다 깨져나간 보도블록을 딛고 다

왼쪽) 청량사 대웅전 올라가는 길에 깔린 맷돌. 조심조심 지르밟고 가는 길이다.

오른쪽) 종묘의 월대에 가득한 박석. 아무나 쉽게 올라설 수 없는 공간이고 섣부르게 발걸음을 옮겨서도 아니 되는 공간임을 강조한다.

녀야 하는 경우도 있다. 눈을 감고 거리를 걷는다고 해도 우리
는 발밑에 느껴지는 감촉만으로 길의 성격을 어림하여 짐작할
수 있다.

소리

퇴고推敲라는 말이 생기게 한 당나라 시인 가도(賈島, 779~843)
의 오언절구를 우선 들여다보자.

閑居少隣竝 草經入荒園
鳥宿池邊樹 僧敲月下門

인적도 드물고 한적한 집에
무너진 뜰로 나 있는 잡초 길
새는 연못가 나무에서 조는데
중이 달빛 아래 문을 두드린다

　　이 문은 쓰러져가는 초가에 달린 문일 수도 있다. 아니면
커다란 고성古城의 성문이라고 생각할 수도 있다. 달밤에 두드
리는 성문은 어떤 소리를 낼까. 어두운 밤하늘 깊이 울려 퍼지
는, 무겁고 길게 여운이 남는 그런 소리라야 분위기에 맞는다.
민다고 해도 그 문이 화장실 문처럼 소리 없이 열리는 것으로
는 생각하기 어렵다. 육중한 소리를 내는 그런 문이어야 한다.
당연히 크기도 사람 키의 서너 배는 족히 넘는 큼직한 것이라

건물의 코에 생기를 불어넣다

해남 미황사 극락전의 풍경. 사진으로는
옮겨지지 않는 청량한 소리가 숨어 있다.

야 제대로 된 그림이 머릿속에서 완성된다.

　이처럼 소리로 치환되어 느껴질 수 있는 문의 무게는 그
것이 갈라놓는 공간의 성격을 표현해주기도 한다. 벽이 공간을
구획한다면 문은 그 공간을 연결하는 마디가 된다. 그런 의미
에서 문을 여는 그 순간을 건축가는 놓치지 않는다.

　등산을 좋아하는 사람들은 나뭇잎 소리, 물소리가 산행에
서 얼마나 중요한지 알고 있을 것이다. 비가 그치고 난 후 산사
에 가본 사람들은 일주문을 지나 길게 나 있는 도랑으로 물이
졸졸 흐르면서 내는 소리가 주위를 가득 메우는 부드러움을 느
껴보았을지 모른다. 법당에 이르면 잔잔히 들려오는 풍경 소리
는 객을 온갖 상념에 젖게 만들면서 과연 그가 산사에 들어서
있음을 확인시켜준다. 때로는 커다란 물함지에 떨어지는 샘물
소리도 산사를 신선함으로 메워준다. 이를 한 바가지 떠 마셨
을 때 온몸에 구석구석 스며드는 청량감은 누구라도 쉽게 잊기
어렵다. 이처럼 낮게 깔리는 소리 역시 보이지는 않으나 공간
을 꾸미는 중요한 요소다.

　분수는 크기나 모양이 아닌 소리로 공간을 장악한다. 분

그랜드 힐튼 호텔의 로비에 자리 잡은 분수. 건물에 제대로 녹아들어간 분수로 손꼽힌다. 그런 만큼 소리도 더 품위 있게 들리는 듯하다.

수의 물소리는 부근에서 사람들이 떠드는 소리를 차폐하는 배경 소음이 되기도 한다. 물론 분수는 움직임을 통해 공간을 활력 있게 만들기도 한다. 분수는 시원하게 보일 뿐 아니라 시원하게 들리기도 한다는 점에서 더욱 매력적이다. 호텔 로비는 대합실보다 더 차분하고, 걸어도 더 조용히 걷는 곳이다. 여기에 분수를 놓는다면 건축가는 당연히 움직임도 소리도 더 차분한 것을 찾을 것이다.

눈이 필요 없는 공간

대도시의 교통수단 중 기능의 잣대로 재면 지하철을 따라갈 만한 것이 없다. 경쟁 상대도 당분간은 쉬 나타날 것 같지 않다. 이 독보적인 기능에 의해 지하철은 세계 대도시의 지하 세계를 누비고 있다. 그러나 문제는 그 철저한 기능성에 있다. 지하철이 제공하는 것은 여행이 아니고 운송이다. 사람은 승객이라기보다 움직이는 소포에 가까워지는 것이다. 사실 도시 생활에서 지하철을 타느냐 마느냐 하는 것은 이제 선택의 문제를 넘어섰다.

　　때로 감수성을 자극하는 기차와 달리 지하철은 감수성을 담을 여지조차도 좀처럼 찾기 어렵다. 자리를 잡고 앉아 있어도, 손잡이를 붙들고 서 있어도 우리 눈에 보이는 것은 앞 사람의 피곤한 얼굴이다. 아니면 그보다 더 피곤한 내 얼굴이다. 그러다 보니 지하철 안에서는 무신경하게 스마트폰을 들여다보거나 눈을 감고 졸면서 이 좁고 긴 지하 공간을 벗어날 시간만을 가늠하게 된다.

건물 내에도 사람을 운송하기만 하는 무미건조한 공간이 있다. 엘리베이터가 그것이다. 고층 건물을 가능하게 해준 핵심 요소인 엘리베이터는 인간을 수송한다는 단 한 가지 목적의식에 충실한 공간이다. 이 공간은 힘들여 계단을 걸어 올라가지 않아도 된다는 점을 제외하고는 그리 달갑게 선택할 만한 것이 못 된다. 좁은 공간에 빽빽하게 서서 점멸하는 숫자들만을 바라보며 어서 이 수송이 끝나기를 바라는 사람들에게 그 몇 초는 지나치게 긴 시간임에 틀림없다. 이 답답함을 덜어주려고 머리를 짜서 나온 아이디어가 우선 거울이다. 아파트 엘리베이터 벽면에 붙어 있는 거울은 이를 기증한 동네 상점의 중요한 광고판이 되기도 한다. 그러면서도 이 공간적인 답답함을 조금이라도 해소해주는 중요한 도구이기도 하다. 다음으로 나온 아이디어는 엘리베이터 배경 음악이다. 들릴 듯 말 듯하게 흘러나오는 그 소리는 들으려고 하면 들리고 무시하려면 안 들리기도 한다. 시각적인 한계를 청각을 통해 해결하려고 한 좋은 예라 할 수 있다.

참다못한 사람들은 전망 엘리베이터를 만들었다. 밖을 내다보라고 창을 낸 엘리베이터다. 타고 올라가면서 점점 바뀌어 전개되는 밖의 풍광을 보는 건 과연 신나는 일이다. 놀이동산의 탈것만큼은 되지 않아도 속계에서 선계로 옮겨가는 듯하다. 창 하나가 바꿔놓을 수 있는 공간 변화 가능성의 끝을 이 엘리베이터는 보여준다.

해가 지고
세월이 흐르면

빛은 부유한 자의 어깨에도 가난한 자의 어깨에도 비친다. 반
짝이는 대리석 벽에도 허름한 흙벽에도 비친다. 경제적인 제약
을 많이 받는 건물의 설계에서도 건축가는 빛만은 풍요롭게 쓸
수 있다. 빛의 가장 큰 아름다움은 풍요로움과 공평함에 있다.

　　빛의 또 다른 매력은 시간의 흐름에 따른 잔잔한 변화에
있다. 벽에 떨어지는 빛과 그림자, 창을 통해서 실내로 들어오
는 빛의 변화는 공간을 살아 있게 만든다. 빛은 공간에 생명을
주는 마법사 같은 존재다. 건축이 단지 기술이 아닌 예술이 되
게 하는 분수령으로서 합리성과 수치만으로 거론할 수 없는 부
분이 바로 빛이다. 조물주가 사람을 만들고는 그 코에 불어넣
었다는 생기에 해당한다고 볼 수도 있다.

빛과 그림자

빛과 어둠 사이에서 그 경계의 위치를 잡아나가는 것이 건축가
가 하는 일이다. 건축가들이 건물을 디자인할 때는 수많은 스
케치를 하게 된다. 그 스케치에서 건물 외관에 그림자를 그려
넣지 않는 건축가는 거의 없다. 그림자를 통해서 건물은 제대
로 된 3차원의 입체로 읽히기 때문이다. 건축가들은 그림자를
벽 자체만큼이나 중요하게 생각한다.

　　그림자가 존재하려면 우선 화판이 될 만한 벽이 있어야
한다. 그리고 그림자를 만들어주는 형태가 당연히 있어야 한
다. 밋밋한 면에 창이라는 구멍만 숭숭 나 있는 벽에서는 그림
자를 이야기할 수 없다. 뭔가 좀 들어가고 나온 부분이 있어야
그 요철에 의해 그림자가 만들어진다. 건축가들은 때로 벽면
을 그냥 캔버스와 같은 바탕으로 생각하기도 한다. 나무들이
잎사귀를 만들었다 털어버렸다 하는 모습을 물끄러미 그림자
로 비추어 벽에 나타내기도 한다. 간단한 부재를 벽에 직각으
로 끼워 넣어 긴 그림자가 박력 있게 대각선으로 그려지게 하

도시 곳곳에 떨어지는 빛과 그림자. 빛
은 놀랄 만큼 아름다운 모습을 여기저
기에 만들어놓는다.

유리가 콘크리트에 직접
끼워진 것이 보인다.

김옥길 기념관의 빛과 대학로문화공간
의 그림자. 건축가가 생각했던 붓과 캔
버스가 모습을 드러낸 것이다.

기도 한다.

김옥길 기념관은 콘크리트 건물이다. 콘크리트로만 만들
어진 건물이다. 아니 콘크리트와 빛과 그림자로 이루어진 건물
이다. 이것은 건축가의 집요한 작업 결과물이다. 건축가는 창
틀조차 거부하고 콘크리트 벽을 파낸 홈에 유리를 직접 끼워
넣도록 했다. 간단해 보이는 이 선택은 설계와 시공 과정에서
엄청난 치밀함을 요구한다. 창틀 없는 유리창은 콘크리트의 순
수함을 부각시킨다. 그리고 실내로 들어오는 빛의 모양도 그만
큼 말끔하고 명료하게 만들어준다. 우아하면서도 박력 있는 이
건물의 아름다움은 콘크리트, 빛, 그림자의 순수함을 통해 구
현된 것이다.

앞서 날카로움이 현대적인 감각을 보여준다고 이야기하
였는데 건축가들이 선호하는 그림자 역시 깨끗하고 날카로운

건물의 코에 생기를 불어넣다

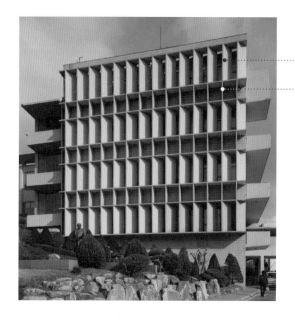

두 부분의 차양 판 각도가 다르고
그런 만큼 그림자 각도도 다르다.

빛과 그림자로 이야기하겠다는 의지가
보이는 서강대학교 본관. 달리 세워진
차양 판의 각도만큼 다른 깊이의 그림
자가 새겨진다.

모습이다. 거칠고 무딘 손으로 만든 콘크리트 벽이어도 칼끝으
로 그어낸 듯한 그림자가 떨어지는 건물들이 있다. 이들은 터
질 듯한 박력을 보여준다.

　서강대학교 본관은 여기서 학창 시절을 보낸 한 문인
文人이 훗날 자전 수필에서 "빛의 마술사라는 김중업(金重業,
1922~1988)이 설계한 건물"이라고 표현한 건물이다. 이 건물
은 서쪽을 향하고 있다. 깊이 파고드는 오후 햇빛을 막기 위해
건축가는 건물 외부에 차양 판을 대었다. 그 차양 판의 각도는
날카로운 그림자가 면에 떨어지고 또 외부에 강조되어 보이
도록 정교하게 조정되어 있다. 수필은 이어진다. "높은 천장과
커다란 유리창 사이 빛은 마치 무한의 댐이 무너진 듯 일렁거
렸으며, 게다가 창가엔 황금빛 커튼마저 봄바람에 소리 없이
일렁였다."

이런 건물들은 일조日照 상태와 시간의 흐름에 따라 풍부한 표정 변화를 보여준다. 볼 때마다 새로운 모습을 보이는 건물에 건축가들은 더 큰 가치를 둔다. 그 생명력은 빛과 그림자에 근원을 두고 있는 것이다.

실내에 들어오는 빛으로는 그림자를 만들지 않는 산란광이 선호된다. 어떤 빛을 얼마만큼 실내에 들여보내는가 하는 것은 공간의 질을 설정하는 가장 중요한 변수다. 실내에 들어오는 빛이 특히 문제가 되는 건물은 종교 건물이다. 신의 모습은 항상 빛의 존재로 치환, 인식되어 왔기 때문이다. 성당에 있는 스테인드글라스는 그 자체가 이야기를 전달하는 그림책이 되기도 하면서 투과되는 빛의 색을 조정하여 실내의 분위기를 바꾼다. 이들은 어둠침침하기만 한 성당을 때로는 붉게 때로는 푸르게 물들인다. 이 빛으로 인해 우리는 바깥세상의 생로병사를 초월한 곳에 앉아 있음을 느끼게 된다. 그 초월적인 분위기는 분명 빛에 의해 마련되는 것이다.

돌을 쌓아서 건물을 만들던 시대에는 창을 크게 낼 수 없었다. 창 윗부분에 돌을 쌓는 작업이 쉽지 않았기 때문이다. 고딕 양식의 성당이 어두운 것은 우선 이 구조적인 한계에 기인한 것이다. 그러나 현대의 강철과 콘크리트는 건축가들로 하여금 구조 문제를 걱정하지 않고 원하는 크기의 창을 만들 수 있게 해주었다. 실내에 들어오는 빛의 양은 이제 건축가의 의지와 능력에 의해 달라지게 된 것이다.

해 지고 어두운 거리를 걷다 보면

밤이 되면 건물의 모습은 사라지고 불 켜진 창과 가로등이 거리의 주인공이 된다. 안타깝게도 모든 것을 아껴 써야 하는 우리네 경제 사정에서 전기는 절약의 첫 번째 대상이 된다. 이에 따라 외부에서 건물을 비추는 조명은 별로 찾아볼 수 없는 것이 우리 현실이다. 우리에게 야경은 아직도 사치스럽기만 한 것이다.

밤이 되면 시내의 높은 건물 사무실 창마다 불이 켜진다. 밤늦도록 남아서 일을 해야 하는 이들의 애환도 하나둘 드러난다. 밤늦게까지 불 켜진 사무실 건물들은 도시 야경을 결정한다. 밤에 천장은 가장 훤히 보이는 건물의 얼굴이 된다. 그렇다 보니 건축가들에게는 천장에 달린 형광등 배치도 호락호락 넘어갈 문제가 아니다.

건축가들은 가로에 직각 방향으로 배열된 형광등 배치를 가장 선호할 것이다. 커다란 사무소 건물 천장의 형광등들이

투시도법 교과서에서 보여줄 만한 모양을 이룬 어느 고층 사무소 건물의 야경. 창의 위치와 형광등의 위치, 방향이 우연히 결정된 것이 아님을 보여준다.

투시도를 보듯이 소점을 형성하며 도열하여 있는 것은 현대 도시에서만 볼 수 있는 장관이다. 가끔 층마다 서로 다른 색의 조명들이 무정부주의를 주장하듯 들어서 있는 경우도 있다. 물론 건물을 사용하는 이들이 자신의 취향대로 실내를 바꾸는 것은 건축가가 통제할 수 있는 능력 밖에 있다. 그러나 적어도 도시 야경을 이야기하는 시점에서는 별로 추천할 수 없는 내용임에 틀림없다.

서울대학교 미술대학 예술관은 모양이 복잡하기로 유명하다. 이곳의 미술대학 실습실에는 다른 건물에서 좀처럼 찾아보기 어려운 모양의 창문들이 있다. 그 창문들은 분명히 이유를 갖고 그런 모양을 갖추었을 것이다.

그림을 그리려면 실내에 풍부한 빛이 필요하다. 창이 커야 한다. 그러나 대학교 실습실은 며칠 후 전시장이 되기도 한다. 그림을 전시하려면 창보다는 벽이 더 필요하다. 이 모순되는 요구 때문에 건축가는 한동안 머리를 싸맸을 것이고 기어이 새로운 아이디어를 만들어냈다. 그림이 걸릴 만한 눈높이까지는 벽으로 막고 거기에 그림을 걸되, 빛이 들어올 만한 창은 벽 윗부분에 확보한 것이다. 여기서 이야기가 모두 끝난 것은 아니다. 창밖의 단풍잎이 붉게 물드는 것도 모르고 그림만 열심히 그리라고 할 수는 없다. 작은 액자만 한 크기의 창을 낸다면 창밖의 모습을 풍경화처럼 담을 수 있다. 이런 조건들을 만족시키기 위해 독특한 모양의 창이 만들어졌다.

기능적인 합리성의 관점만으로는 건축가의 의도를 충분

서울대학교 미술대학 예술관의 낮과 밤.
한낮의 북적거림도 사그라지고 해가 지
면 창들이 두런두런 이야기를 시작한다.

히 이해할 수 없다. 밤이 되면 조용하기만 하던 이 창들이 이야
기를 시작한다. 복잡한 건물의 외곽선은 모두 사라지고 창들만
환하게 빛나는 것이다. 이리저리 꺾인 창이 환하게 허공에 드
러난 모습은 낮에 건물을 보아서는 좀처럼 그려내기 힘든 것이
다. 건축의 가치가 과연 기능의 명쾌한 해결 너머에 있음을 보
여주는 모습이기도 하다.

　　시간이 많이 흐른 후 이 건물의 창틀은 대부분 새로운 것
으로 교체되었다. 조명 기구들도 바뀌었다. 이 야경을 한 번도
본 적이 없는 이에 의해 교체된 것이다. 교체된 창틀은 동네 구
멍가게 진열장에서나 사용할 만한, 오로지 굵기만 하고 무신경
한 것들이다. 날씬한 창틀을 통해 만들어지던 야경은 사라졌
다. 그 사려 깊음도 모두 지워졌다. 그러나 적어도 야경이 건축
가들에게 중요한 의미가 된다는 점은 아직 보여주고 있다. 그
리고 창틀의 굵기를 놓고 고민하는 건축가의 모습도 아련히 떠
올려준다.

서울대학교 미술대학 예술관의 낮과 밤.
한낮의 북적거림도 사그라지고 해가 지
면 창들이 두런두런 이야기를 시작한다.

나이 먹은 건물

우리는 가끔 사람을 보고 곱게 늙었다고 이야기한다. 그 나이가 되면 얼굴에 책임을 져야 한다고 말하기도 한다. 모두 시간의 흐름이 사람의 모습과 관계 있음을 일컫는 말이다. 이 점에서 건물인들 예외가 아니다. 벽에 떨어지는 빛과 그곳을 드리우던 나무 그림자가 바뀌기를 몇 번 하면서 건물도 나이를 먹는다.

절에 가보면 대웅전은 대개 단청이 덧칠해져 항상 새 건물처럼 보인다. 그러나 그 주위를 잘 둘러보면 세월의 풍우성상風雨星霜을 오직 재료의 속성만으로 버티어낸 형형한 건물들이 심심찮게 눈에 띈다. 그 건물은 저녁 공양을 위해 찾아드는 종무소宗務所이거나 스님들이 거처하는 요사寮舍일 수도 있다. 이제 기둥도 대들보도 잿빛으로 변한 이런 건물들은 크기나 화려함이 아니라 그 배후에 서 있는 장구한 역사의 단면을 담담히 보여줌으로써 우리를 감동시키곤 한다.

건물도 품위 있게 나이를 먹기는 쉽지 않다. 본질적으로 도회지에 세워지기 십상인 건물은 온갖 공해와 먼지에서 벗어날 수 없다. 경쟁 속에서 먼지를 뒤집어쓰고 살아가야 하는 도시인의 모습이 건물엔들 달리 새겨질 리 없다. 우리는 분명 화려하고 자극적인 것이 쉽게 눈을 끄는 소비 지향 사회에서 살고 있다. 한겹 한겹 나이를 쌓은 건물의 품위가 최신 유행에 맞지 않는다는 순간적인 가치 판단의 칼날을 벗어나기도 쉽지 않다.

이제 세계적으로 널리 알려진 서울의 공해가 문제가 되는 건 사람뿐 아니라 건물도 마찬가지다. 주위의 건물을 보면 1년

제주 해심헌의 벽. 저녁이 되면 얇게 오려 붙인 현무암 공극孔隙 너머로 빛이 번져 나오면서 바닥에 깔린 물에 반사된다.

이 지나기가 무섭게 창 밑에 쌓였던 먼지가 비를 맞아 흘러내린 자국들이 생기곤 한다. 이러한 현상은 혼탁한 먼지를 허공에 만들어내는 우리 모두의 책임이다. 그리고 이를 건축적으로 충분히 소화하지 못하는 건축가들의 문제이기도 하다. 완공된 몇 달 동안만 깔끔하고 반짝거리는 건물을 건축가는 상정하지 않는다. 금방 완공되었어도 몇 년 된 것 같고, 수십 년 지났어도 몇 년 된 것 같은 건물이 건축가들이 생각하는 건물이다. 만연한 먼지와 황사, 매연, 분진은 분명 건축가에게는 버거운 환경이다.

가장 훌륭한 해결책은 깨끗한 대기 환경을 만드는 것이다. 이는 물론 건축가가 나선다고 해결되는 문제도 아니고 건축만의 문제도 아니다. 모두가 함께 해결해야 할 문제다. 그러나 환경이 어떻든 건물은 지어질 것이다. 그러기에 건축가들이 혼탁한 허공에 손가락질만 하고 있을 수는 없다. 적당한 방법을 찾아 나서야 한다.

공사장 작업복으로는 물들인 군복이 최고다. 건축가들은 건물에 텁텁하고 어두운 옷을 입히기도 한다. 단 누더기 군복이 아니라 잘 다려진 새 군복이라고 생각하면 된다. 검은 철판, 벽돌로 이루어진 건물들은 아무리 때가 많이 타도 항상 그저 그런 듯이 서 있다. 그러나 그렇지 않아도 우중충하다고 말이 많은 서울 거리의 건물들에 모두 이런 군복을 입히자고 할 수는 없다.

나무가 건물 기둥으로 쓰여 나이를 먹으면 색이 바래는

파주출판도시 아시아출판문화정보센터의 외장 재료는 무도장 내후성 강판이다. 준공도 되기 전에 이미 붉게 녹슨 건물의 모습은 앞으로 더도 덜도 아닌 그 상태로 유지될 것이다.

것처럼 구리도 나이를 먹으면 녹이 슬고 색이 바뀌어 기품 있는 녹색이 된다. 구리 기와는 바로 이렇게 건물의 나이를 염두에 두고 결정된 재료다.

철판 중에서도 구리와 같이 어느 정도 녹이 슬면 그 녹이 보호막이 되기 시작하는 것이 있다. 더 이상 부식이 진행되지 않는 것이다. 이 무도장 내후성 강판은 얼룩덜룩한 페인트를 칠할 필요도 없이 자체의 순수함을 보여주면서 기존 철판의 장점을 고스란히 지니고 있다. 이 강판을 외장 재료로 사용한 건물은 나이를 먹고 녹이 슬어야 더 아름다워진다. 건축가의 팔레트에 쓸 만한 물감이 하나 더해진 것이다.

건물이 품위 있게 나이를 먹기 위해서는 우선 지을 때 품위 있게 지어야 한다. 그리고 사용자가 건물을 잘 다스려야 한다. 안타깝게도 우리 주위에는 품위 있게 나이를 먹을 만한 건물이 세워지는 것을 보기 어렵다. 간혹 어렵게 그런 건물을 짓는다 해도 사용자의 무분별한 태도는 우리네 문화적 단면을 보여주곤 한다.

사람이 세수를 하듯 건물 벽에 먼지가 끼면 가끔 씻어내는 수고를 해야 한다. 좀 더 가치 있는 것을 위해 때로는 불편함을 감수해야 하는 것은 너무도 당연한 일이다.

선유도 공원은 용도 폐기된 상수도 정수장을 개조해 만든 공원이다. 불도저로 깔끔히 밀어내 만든 공원보다 훨씬 아름답다. 여기서 필요한 것은 도시에 대한 애정과 공간에 대한 상상력이다.

나이 먹은 거리

법규가 허용하는 최대한의 면적을 최소한의 투자로 만들어 최대 수익을 얻기 위해 만들어지는 건물들이 있다. 이런 건물은 곧 벽 여기저기에 구멍이 뚫리고 군더더기가 붙기 시작한다. 벽 아무 곳에나 에어컨과 간판이 매달리는 건물에서 품위를 기대하기는 어렵다. 임대 계약이 끝나면 에어컨과 간판은 새것으로 바뀌기도 하고 그냥 멍하니 구멍만 남기고 철거되기도 한다. 싸구려 재료로 호들갑스럽게 만들어진 간판들이 건물 벽을 마구 파내고 붙여지는 한, 건물이 품위 있게 나이 먹는 길은 요원하다. 그런 만큼 우리의 거리는 더 난삽하기만 하다. 그리고 이는 아직도 우리가 문화보다는 생존에 더 큰 의미를 두고 있음을 보여주는 서글픈 단면이기도 하다. 우리의 거리는 그렇게 서글프다.

시간이 흐르면 거리도 나이를 먹는다. 보도블록의 모서리가 닳고 가로수의 허리가 굵어지면서 가로가 연륜을 이야기하기 시작한다. 그러나 플라스틱 간판과 얇은 철판의 휴지통만으로는 쌓이는 세월을 새겨나갈 수 없다. 연륜이 쌓일 바탕이

건물의 코에 생기를 불어넣다

있어야 한다.

　가로수는 특히 중요하다. 환경과 생물학적인 계산을 떠나 가로수는 집합적으로 건물보다 중요하다. 가로수 없는 거리는 황량하다. 을씨년스럽기도 하다. 바람난 10대처럼 항상 어수선하기만 하다. 아름드리 가로수가 늘어선 거리는 우리의 감수성을 그 연륜만큼 깊이 담아낸다. "마로니에 잎이 나부끼는 네거리에 버린 담배"를 그리워하는 야곡을 그제야 부를 수 있다. 그 도시의 불빛은 과연 "내 맘같이 그대 맘같이 꺼지지 않는다."

아파트 단지로 말끔히 바뀐 쌍문동. 그 뒤편 근린공원에 조금 남아 있는 조선시대의 흔적은 무참히 짓밟히고 있다. 진경산수를 개척한 정선의 묘도 이곳 어딘가에 있었는데 또 이렇게 사라졌다. 우리에게 역사를 이야기할 자격이 있을까.

대한민국은 민주공화국이다.
대한민국의 주권은 국민에게 있고, 모든 권력은 국민으로부터 나온다.
대한민국의 영토는 한반도와 그 부속도서로 한다.

건물과 도시를
누가
만드는가

건물과 건물이
모이면

집합으로서의 건축은 도시가 된다. 도시는 물리적으로 인간이
만드는 가장 큰 환경이다. 애초에 디자인되어 이루어진 도시건
사람들이 모여 살다 보니 생기는 갈등의 결과치로 만들어진 도
시건 다를 바 없다. 이 점에서 인간이 사는 환경을 만든다는 대
원칙을 가진 건축가들에게 도시는 궁극적으로 들여다보고 고
민해야 할 화두가 된다. 도시는 형태와 공간이라는 추상적 개
념보다 정치, 경제적 변수의 영향을 더 많이 받으면서 형성되
고 발전한다. 개인이 아닌 사회의 집합적 의지에 의해 모양을
갖춰나가는 것이다. 그 속의 온갖 쟁점을 이 책에서 모두 거론
하는 것은 너무 벅찬 일이다. 여기서는 건축과 밀접히 연관된
도시의 모습을 추려 들여다보기로 하자.

공터는 있는데

건물이 대지와 만나는 부분이 건축과 도시의 이야기가 시작되는 마디가 된다. 건물이 대지에 들어서면 그 건물만 혼자 덩그러니 서 있지는 않는다. 주위 환경과 어떤 방식으로든 관계를 맺게 된다. 여기서 환경이라고 하는 것은 가로와의 관계이거나 바로 인접한 건물과의 관계일 수 있고, 또 주위 전체 분위기와의 관계일 수도 있다.

텅 빈 대지에 건물을 세운다고 생각하자. 여기다 건물을 짓자고 하는 이는 건축가가 아니라, 자본을 소유하거나 그 흐름을 통제하는 개인 또는 집단이다. 얼마만 한 크기의 건물을 어떤 용도로 짓는가 하는 결정은 대개는 소유자의 계산기를 통해 이루어진다. 물론 법규에서 허용하는 최대치 안에서 결정되어야 한다.

결정이 되면 건축가에게 설계가 의뢰되고 설계가 끝나면 건물도 지어진다. 그전까지 공터는 여전히 공터다. 그 공터는 사람들이 무심히 오가는 통로 역할을 하기도 한다. 동네 꼬마들이 공 던지기를 하는 놀이터이기도 할 것이다. 이제 건물이 들어서면 새로운 사람들이 그 건물을 이용한다. 이전에 공터를 지름길로 사용하던 이들은 돌아서 가야 한다. 놀이터로 사용하던 이들은 좀 더 멀리 있을 새로운 공터를 찾아야 한다. 새 건물이 덩치가 크고 담장이라도 있으면 돌아가야 할 거리는 만만하지 않다.

대지는 자본에 의해 소유되고 배타적으로 사용된다. 상업

빈 땅은 사람들이 제각기 마음먹은 용도로 사용한다.

그러나 건물이 들어서면 다니던 길이 없어져 돌아가야 하는 사람이 생긴다.

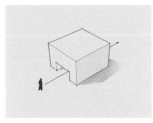

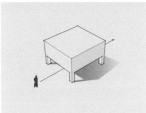

건축가들은 건물 때문에 돌아가야 하는 이들을 위해 건물을 들어 올리거나 건물에 구멍을 내 통로를 마련해주기도 한다.

자본주의를 기틀로 유지되는 사회에서 이 상황을 무작정 비난할 수는 없다. 그러나 대지는 상품이나 용역과는 분명히 다른 의미가 있다. 대지는 인간 존재를 훨씬 뛰어넘는 시간의 틀을 가지고 존재한다. 바람처럼 왔다가 구름처럼 떠나는 인간들이 마음대로 금을 긋고 교환 가치를 붙여 사고팔 뿐이다. 대한민국 헌법이 그 영토의 한계를 규정하는 것에서 내용을 전개하는 것처럼 사회는 대지를 기반으로 존재한다. 그 대지는 어느 개인 앞으로 등기되어 있다는 사실보다 사회 집단이 추상적으로 공유한다는 점에서 더 의미가 크다.

건물은 누구를 위해 만드나

건축가들이 건물을 설계하면서 과연 이 건물이 누구를 위한 건물인가 하는 질문을 스스로에게 하는 것은 당연하다. 건축가는 의사들처럼 엄숙하게 선서를 하지는 않는다. 그러나 건축은 인간을 위해 존재한다고 건축가는 스스로에게, 남들에게 이야기하곤 한다. 여기서 인간은 자본의 소유 여부나 사회적 지위의 고하에 의해 달리 규정되지 않는다. 건물 설계를 의뢰한 사람뿐 아니라 그 공터에서 공을 따라다니던 꼬마와 좌판을 펴고 행상을 하던 아주머니도 당연히 여기에 포함된다.

많은 경우 건축가들의 아이디어와 노력은 자본의 배타성에 의하여 헛된 것이 되고 만다. 지나가는 행인이 잠시 앉아 있을 공간은 필요 없고 한 치라도 더 많은 면적을 임대해야 한다는 주장이 거의 언제나 이기게 되어 있다. 공공 영역을 할애하

면 오히려 임대료를 높일 수 있다는 사실은 아직도 임대 면적이 무작정 넓어야 한다는 절대적인 자본의 논리에 의해 압도당한다. 그래도 눈을 크게 뜨고 주위를 살펴보면 건축가의 입장을 보여주는 건물을 곳곳에서 찾아볼 수 있다.

을지로 입구의 OPUS 11 빌딩에서 1층 부분은 꼭 필요한 부분을 남겨두고는 모두 공터로 개방되어 있다. 그 건물에서 일을 하든 그렇지 않든 지하철역에서 나온 사람들은 이 땅을 지름길로 이용해 명동으로 향할 수 있다. 등기부 등본상의 소유 명의를 떠나 이 땅은 시민에게 열려 있는 것이다. 게다가 이 건물 중간에는 하늘 공원이 있다. 1층뿐만 아니라 건물 중간 부분도 잘라내서 시민에게 개방한다는 아이디어는 건축가와 건축주의 사회관과 도시관을 고스란히 보여준다.

OPUS 11 빌딩은 명동 입구에 자리 잡은 자신의 위치가 갖는 중요성을 정확히 파악하고 있고, 그런 만큼 개방되어 있다.

대학로에서 가장 중요한 공간의 하나인
샘터 사옥 앞마당.

동숭동의 샘터 사옥 1층도 뚫려 있다. OPUS 11 빌딩이
지름길을 제공하는 데 비해 이 건물은 마당을 제공한다. 마로
니에 공원을 제외하면 의외로 변변히 앉아 있을 곳도 없는 이
동네에서 샘터 사옥은 무척 중요한 쌈지 마당을 시민들에게 제
공하고 있다. 연극을 보려고, 친구를 만나려고 기다리는 사람
들이 그 앞에서 항상 북적거린다. 이곳은 동숭동에서도 사람들
이 가장 많이 기억하는 공간이기도 하다.

교보생명 사옥 앞에서 버스를 기다리는 사람은 인도라는
한정된 부분에만 서 있지 않는다. 건물 앞의 마당에 서 있는 것
이다. 그 앞의 넓은 공터는 누구나 언제든지 왔다 갔다 할 수
있다. 사무소 건물 앞에 으레 있게 마련인 계단도 없다. 주위를
돌아다니는 사람에게 대지는 활짝 열려 있다. 우리는 그 지하

에 들어가서 책을 사고 친구를 만난다. 누구나 책을 살 수 있고 누구와도 만날 수 있다. 그리하여 그 건물은 주위에서 가장 유명한 건물이 되었다. 이 지하가 한 주만 문을 닫으면 한국의 지식 산업계는 비상사태에 돌입하여야 한다. 그 개방은 지명도로 곧 치환되었다. 앞마당을 개방함으로써 건물을 소유하고 있는 이는 그 바닥 넓이만큼의 임대료로는 도저히 계산할 수 없는 사회적인 보상을 받고 있다. "아, 그 왜, 누렇고 옆으로 줄 쳐진 바로 그 건물 15층"과 "교보 15층!"이 어찌 비교될 수 있으랴.

　건물에는 대개 정면이 있다. 주택이라면 거실이 있는 쪽이, 사무소 건물이면 현관이 있는 쪽이 정면이 될 것이다. 덩치가 커다란 건물이면 현관이 여러 개가 있을 수도 있겠으나 그래도 우리는 건물의 정면을 집어낼 수 있다. 그리고 바로 그 면

우산처럼 그늘을 드리우는 나무가 자리 잡은 교보생명 사옥의 앞마당은 담도 계단도 없이 로비까지 연결된다. 철통 같은 보안이 기본인 외국 대사관들이 입주해 있어도 이런 개방이 문제가 되지 않는다.

왼쪽) 노골적으로 배타적인 건물의 앞마당. 아름다운 도시를 만드는 데 이런 무뢰한들은 별로 기여하는 바가 없다.

가운데) 자동차를 위해서는 주작대로를 만들고 보행인은 한 번에 건너지도 못하게 막은 도시. 보행인을 위한 공간까지 자동차가 잠식해버린 모습이다. 여기 아무리 멋진 건물과 장식이 즐비한들 이 도시는 정글이다.

오른쪽) 이 도시는 장애인에게 고통을 강요하고 있다. 아름다운 도시는 공평한 사회가 아니면 만들 수 없다.

에 가장 큰 현관이 위치하게 된다. 기업의 사옥이거나 관공서라고 하자. 어떤 건물에는 바로 이 현관 앞까지 자동차가 들어가도록 되어 있다. 직급이 높은 사람들은 운전기사가 모는 차를 타고 와 여기서 내린다. 그리고 그 자동차는 또 그 앞 주차장에서 대기한다. 그리하여 건물 전면은 주차장이 되곤 한다. 건물까지 걸어온 다른 사람들은 주차장 사이를 이리저리 돌아가든지, 후문으로 가게 된다. 이 건물은 주차장을 사이에 두고 길과 단절된 것이다. 혹은 자동차 통로로 단절된 것이다.

여기서 건축가는 다시 '누구를 위한?'이라는 질문에 부딪치게 된다. 도로와 건물 사이가 계단으로 분리되어 있다면 그 '누구'에서 휠체어를 타고 온 사람은 제외된다. 주차장이 있다면 자동차를 가지고 다니지 않는 사람은 제외된다. 자동차가 있어도 기사가 없는 사람은 제외된다. 담이 있으면 거리의 시민은 모두 제외된다. 그만큼 건물은 배타성을 띠게 된다.

건물은 눈치를 본다

도로와 건물의 관계가 설정되면 옆 건물들을 살펴볼 때가 되었다. 초등학교 학생이 전학을 가면 새 학교의 분위기를 우선 살피고 적응하여야 한다. 건물도 도시에 들어설 때는 이미 주위에 들어서 있는 건물들의 눈치를 살펴야 한다. 특히 연륜이 쌓인 동네일수록 그 정도는 심해진다. 예컨대 우리는 인사동을 이야기할 때 그림이나 전통 공예를 먼저 떠올린다. 여기에 세워지는 건물들은 명동이나 압구정동의 패션 거리에 짓는 건물들과는 좀 달라야 하지 않을까 하고 짐작하게 된다. 여우 집에 놀러 간 두루미처럼 건물을 당혹스럽게 만들어서 좋을 일은 없다.

가로의 분위기를 만들어내는 데는 만만치 않은 시간의 퇴적이 필요하다. 호랑이가 죽어서 가죽을 남기듯 건축가들은 도시의 연륜이 잘 가꿔진 모습을 남기고 싶어 한다. 도시의 환경은 자본을 동원한다고 마음대로 만들어나갈 수 있는 것이 아니다. 가장 소득이 높은 도시가 가장 아름다운 도시는 아니다. 시간과 문화의 깊이가 차곡차곡 쌓여야 한다. 거칠기만 하였던 한국의 현대사를 거쳐온 동네들은 이제 우리 주위에 그리 많이 남아 있지 않다. 꼭 시간의 때를 입지 않았어도 확실한 색채를 가지고 존재하는 곳들도 있다. 동숭동, 명동과 같은 곳들이 거론될 만하다. 이 얼마 되지 않는 도시의 구석을 찾아내서 공간적으로 해석하고 그 역사를 잇는 것이 건축가들이 앞장서서 하는 일이다.

이런 곳에 세워질 건물을 의뢰받게 된 건축가는 가로의

분위기를 해석하는 작업부터 선행하게 된다. 가로의 분위기는 대개 느낌에 의해 해석되는 만큼 다분히 주관적인 요소의 지배를 받는다. 그래서 해석하는 데 다소 위험한 부분이 있다. 주위 건물의 모양을 비슷하게 흉내 내서 분위기를 맞추는 것은 그리 어렵지 않다. 옆 건물들이 기와집이라고 새 건물에도 기와를 올리는 건 너무 쉽다. 하지만 가치는 없다. 정말 가치 있는 것은 새 건물이 지어진 당시의 시대정신을 간직하면서 가로의 분위기에 녹아들게 하는 것이다. 그 해석이 얼마나 훌륭하였는가 하는 것은 새 건물이 얼마나 가로와 조화를 이루어 주변 분위기에 좋은 양념이 되었는가 하는 점으로 판단된다.

위계질서가 뚜렷한 회사에 입사한 신입 사원일수록 눈치를 더 보게 마련이다. 새로 세울 건물 근처에 아주 이상하게 생겼거나, 아주 중요하거나, 아주 커다란 건물이 이미 존재한다면 건축가는 그 험상궂은 건물의 눈치를 살펴야 한다. 작아도 매운 고추처럼 작지만 중요한 건물이 있다면, 새 건물의 덩치가 더 크더라도 기존 건물의 눈치를 보아야 한다. 새로 짓고자 하는 건물이 기존 건물의 옆에서 어떤 관계를 맺도록 할 것인지를 결정해야 한다.

서울 연건동에는 대한의원 본관으로 사용하던 건물이 있다. 그다지 크지는 않지만 대한제국 탁지부에서 설계하여 1908년에 완성하였다는 이력이 보여주는 대로 그 역사적인 의미는 범접할 수 없는 것이다. 그 옆에 서울대학교 병원을 설계하게 된 건축가는 이 사적에 최대의 경의를 표하였다. 대학 병원 건

물은 일반적으로 그 크기와 복잡함에서 다른 건물과 비교가 되지 않는다. 이 큰 규모에도 불구하고 서울대학교 병원 건물은 두 팔을 넓게 벌려 옛 대한의원 본관을 포옹하는 듯한 자세로 배경에 물러서 있다. 그리하여 두 건물은 서로를 빛내준다. 사람으로 치면 전생에 이미 점지된 배필인 듯도 하다.

그랜드 하얏트 호텔 앞의 옛 갤러리 빙은 이와 반대되는 예를 보여준다. 건축가는 크기는 하되 이렇다 할 특징이 없는 건물 앞에 작은 건물을 설계하게 되었다. 그는 자신의 건물이 덩치와 관계없이 기존 건물과 당당히 맞설 수 있는 길을 택했다. 건축가는 보석을 깎아내듯이 새 건물을 복잡한 모양으로 만들었고 그랜드 하얏트 호텔은 담담한 무대 배경처럼 변화하였다. 그리하여 두 건물 사이에도 서로를 위해 존재하는 듯한 관계가 형성된 것이다.

왼쪽) 당당한 옛 대한의원 본관과 기꺼이 이를 수용하는 서울대학교 병원.

오른쪽) 그랜드 하얏트 호텔 앞에 선 옛 갤러리 빙. 건물로 번안된 다윗과 골리앗 같기도 하다.

도로 지도에 숨은 이야기

건물이 모여 길과의 관계가 정리되면 블록이 형성되고 도시가 모습을 잡아나간다. 단정 지어 이야기하는 것은 항상 위험하기는 하다. 그러나 한마디로 잘라 말하면 도시의 문제는 근본적으로 길의 문제다. 길이 나 있는 모양은 블록을 만들고 그 도시의 경관과 기능을 결정하기 때문이다.

가장 기능적인 도로 패턴은 격자형이라고 보면 거의 틀림없다. 우선 도시의 가장 큰 골칫거리인 교통 통제도 용이하고, 목적지까지 쉽게 갈 수도 있으며, 찾아오는 손님들에게 길을 일러주기도 쉽다. 특히 도시의 많은 부분이 쉽게 정량화될 수 있다는 것은 행정가들에게 빼놓을 수 없는 매력이다. 필지를 몇 개 더하면 한 블록이 되고 그 블록들 사이에는 일정한 폭의 도로가 있고 하는 내용은 도시 모양이 숫자로 파악되는 상황을 설명해준다. 신도시의 가로가 모두 이처럼 격자형이라는 사실이 이 기능적 탁월함을 대변해준다.

물론 계획 도시라 해서 모두 직교 좌표의 격자형 가로로 이루어지지는 않는다. 두 가지 가로 형태를 비교해보자. 첫 번째 유형의 도시는 간선 도로를 방사선 모양으로 만들었다. 방사선 중심에 무언가 기념비적인 구조물을 만들어 세우는 것은 자연스럽게 생각할 수 있는 구도이다. 그 구조물은 간선 도로 어디에서나 눈에 띄므로 도시의 시각적 중심이 된다. 전체주의 시대의 군인들이 이를 향해 퍼레이드라도 벌였을 만한 배경이 된다. 이런 도시는 당연히 위계가 형성된다. 땅값을 매긴다고

하면 당연히 방사선 중심부로부터 순차적으로 값이 매겨질 것이다. 프랑스의 파리, 미국의 워싱턴 D.C., 오스트레일리아의 캔버라 등이 여기에 속한다.

정치적인 배경과 도시의 모양 사이에서 관계를 찾으려 하는 연구는 지속적으로 이루어져왔다. 이런 기념비적인 도시계획이 혁명적인 변화에 수반되어 이루어지곤 했다는 것은 사실이다. 그리고 이 도시계획을 실현하기 위해서는 절대적인 권력 집중이 있어야 한다. 핵이 되는 부분에 자리 잡은 기념비적 구조물의 경관을 유지하기 위해서 주위에 세워질 건물의 높이는 당연히 규제되어야 하기 때문이다. 개인의 재산권은 당연히 억제될 수밖에 없다. 내 땅에 내가 원하는 높이의 건물을 짓겠다는 의지는 통제된다. 이런 도로 체계를 갖추기 위한 토지 수용과 매입은 정부의 강력한 행정력, 경제력을 요구하기도 한다.

위대한 사회의 건설, 혹은 정권의 절대성이라는 구호를

왼쪽) 강남의 테헤란로. 이 일대의 땅값은 지하철역의 위치에 따라 파도처럼 오르락내리락하고 건물 높이도 고스란히 이를 반영한다.

오른쪽) 뉴욕 맨해튼. 개인의 개발 의지를 억제하는 규제도 최소화되어 있어 성당, 백화점, 공동묘지가 두서없이 섞여 있다. 한가운데 보이는 5번가에는 보석상 티파니와 할렘이 공존한다.

가시화하고 시민을 설득하기 위해서 장엄하고 드라마틱한 도시 경관은 더할 나위 없이 좋은 도구가 되었다. 조르주 외젠 오스만(Georges-Eugéne Haussmann, 1809~1891)에 의해 파리 도시계획이 완성된 것이 나폴레옹 3세 재위 기간이라는 점 그리고 이 계획이 히틀러 시대에 알베르트 슈페어(Albert Speer, 1905~1981)의 베를린 도시계획으로 고스란히 이어졌다는 점 때문에 기념비적인 도시계획은 거부감 섞인 눈길을 받아왔다. 로마 시대부터 히틀러 시대까지 빵보다 서커스가 더 의미가 있던 때의 도시가 이처럼 장대하고 위계를 중시하는 구조물들로 이루어지곤 했던 것은 사실이다. 그 거리에서는 서커스와 퍼레이드가 빵 대신 제공되었고 그 길 정상에는 추상적으로, 혹은 구상적으로 통치자의 모습이 새겨지곤 했다.

두 번째 유형의 도시에는 격자형 도로가 죽 나열되어 있다. 도로 지도만 보아서는 지형을 종잡을 수가 없다. 시작도 없

고 끝도 없다. 도시계획이라고 이름 붙이지 않더라도 도시를 격자 구조로 해석해온 역사는 고대 그리스의 밀레토스Miletos와 멕시코의 테오티우아칸Theotihuacán에서 보이는 것처럼 유구하다. 근세로 돌아와 뉴욕 맨해튼을 비롯한 대개의 도시와 우리나라의 일반적인 신도시는 도시계획으로 만들어졌다. 이 도시들은 철저한 기능 추구의 도시계획임을 한눈에 보여주는 예다. 이런 격자형 도로에는 방사형 도로와 같은 초점이 없다는 점에서 더 균질하다. 그래서 더 민주적이고 자본주의적인 도시의 모습이 담겨 있다고 해석하는 이도 있다.

　도시계획을 하는 사람들은 단지 구획 이상의 개발은 각 부지를 소유할 사람 몫으로 남겨놓는다. 각 개발업자가 사업을 할 수 있는 최대 크기는 대개 한 블록에 국한된다. 그 안에서의 규제는 최소화되어 있고 개발업자는 그 규제만 벗어나지 않으면 자유롭게 건물을 지을 수 있다. 이런 도시들에서는 개발 이

익의 극대화라는 논리에 의한 결과물로 도시 경관이 형성된다. 그러므로 키가 큰 건물들이 여기저기 뿌려놓은 듯이 서 있기 십상이다. 그리하여 바로 몇 년 후 그 도시의 모습은 누구도 예측할 길이 없고, 다만 지속적으로 변하는 부동산 시장의 상황을 반영해나갈 따름이다.

물론 그 평면이 격자형이라 해도 간선 도로를 강조하고 그 끝에 기념비를 만들어 위계를 설정할 수도 있다. 조선 초기에 이미 확립된 광화문 앞의 가로 계획이 그렇다. 여의도 국회의사당 앞길도 이에 속한다.

두 종류의 가로 중 어느 것이 더 좋은지는 이야기할 수 없다. 가로만 보고서 뉴욕 시민들이 파리 시민들보다 더 민주적으로 살고 있다고 볼 수도 없다. 다만 도시는 계획 당시의 사회가 어떤 이상을 가지고 있었는지를 보여주는 환경이라는 점은 이야기할 수 있다.

도로 지도가 해주는 이야기

한국의 도시에서 역사적 흔적을 찾기는 어렵다. 목조 건축의 내구성 한계가 그 첫 번째 원인으로 꼽힌다. 역사책을 점철하는 외세의 침략은 건물의 수명을 급속히 단축시켰다.

그러나 건물들은 사라졌어도 사람들의 머리와 마음속에 들어 있는 도시는 쉽게 바뀌지 않는다. 바로 도시 곳곳에 붙어 있는 이름이 그것이다. 연신내, 모래내와 같은 이름은 그곳이 하천 변 동네였음을 알려준다. 이 이름들은 그 하천이 마르고

복개가 되어도 굳건히 살아남아 도시의 과거를 알려주고 있다.

대현大峴, 아현兒峴, 송현松峴과 같은 이름들은 지금 설사 땅이 깎여 평지로 변하고, 큰 건물에 묻혀 흔적이 없다 하더라도 고개로서의 과거를 드러낸다. 수표다릿길은 그 길이 청계천을 만나는 곳에 수표교가 놓여 있었음을 뚜렷이 이야기해준다.

이름만큼이나 도시 조직도 쉽게 바뀌지 않는다. 그 도시 조직은 길에 고스란히 표현된다. 특히 오래된 도시, 구舊도심에는 수백 년 전부터 수많은 사람이 밟고 지나가던 길들이 지도에 살아남아 있다. 동맥, 정맥만 있는 것이 아니고 실핏줄이 있어야 우리 몸이 제대로 작동하듯이 이런 길들은 우리 도시의 실핏줄이 되면서 도시를 아름답고 흥미롭게 해준다.

서소문아파트가 이렇게 휜 이유는 만조천의 물길을 따라 건물이 자리를 잡았기 때문이다.

서소문아파트 앞 맨홀 뚜껑의 구멍으로 만조천 물길이 보인다. 이 구멍과 건물의 배치가 맞물려 있는 것이다.

위) 동대문디자인파크로 바뀌기 전 동대문운동장 시절의 지도. 동대문운동장 축구장 한복판을 가로지르는 을지로 7가와 신당동의 경계선. 한양의 성곽을 헐어낸 흔적은 축구 경기 때는 보이지 않지만 지도에서는 보인다.

아래) 일본의 나가야長屋식으로 구획된 부산 남포동, 광복동의 도시 블록. 도시계획의 결과는 사람과 건물의 생로병사를 뛰어넘어 훨씬 오랜 시간 도시에 기록되어 남는다.

길은 사람들이 밟고 다녀서 생기기도 하지만 장애물을 바꿔나가는 과정에서 생기기도 한다. 가장 쉬운 예는 하천의 복개에서 찾을 수 있다. 도시 기반 시설이 충분하지 않던 시대에 도시 하천은 하수구의 역할을 했다. 그러다 보니 이 하천을 복개하면 하수구로서의 역할은 더욱 확실해지고 그 위로는 말끔한 도로를 얹을 수 있다. 그러나 이 도로는 기존 하천의 물길을 고스란히 따라가면서 형성되었기 때문에 계획된 도로 사이를 관통하며 이상한 모양의 굽은 도로로 남게 되곤 한다. 그리고 한때 장애물이던 하천의 흔적으로 행정 구역이 나뉘는 부분이 되기도 한다.

오래된 도시는 읍성을 중심으로 형성되곤 했다. 물론 이 성곽들은 서울에서 제주까지 거의 모두 사라졌다. 그러나 옛 성곽의 흔적은 하천과 마찬가지로 길로 남거나 행정 구획의 구분 선으로 남아 있기도 하다.

부산 갈매기가 오가는 자갈치시장 너머 남포동, 광복동은 보기 드물게 기다란 사각형의 블록으로 이루어져 있다. 개항 당시 일본의 조계지였던 이곳은 매립으로 만들어졌다. 일본식으로 공간을 구획한 흔적이 아직 도시에 남아 있는 것이다. 비 내리는 호남선 남행열차가 목포역에 가까이 가면 호남선은 이상할 정도로 구불구불하다. 구부러진 해안선을 따라 철도를 계획했기 때문이다. 지금은 고속 전철 개통과 함께 도심 진입 부분이 지하화되면서 기존 구간의 선로는 걷혔다.

이런 도시의 역사적 흔적은 무심하게 도시를 지나가는 관광객의 눈에는 쉽게 보이지 않는다. 고고학 탐정의 관찰력이 필요한 것이다. 그리고 이 관찰력이 도시에 대한 관심과 애정을 만들어준다.

호남선의 종착역 부근 선로. 선로의 남쪽 부분이 매립된 부분으로 호남선 개통 시기에는 바다였다. 이 선로는 당시 해안선의 궤적을 생생히 보여준다.

우리에게 도시는

모양이 어떻게 되든 도시계획을 한다는 것은 말 그대로 도시를 하나 만드는 것이다. 도시를 만든다는 것은 천문학적인 양의 사회적 에너지가 투입되는 작업이다. 그리고 이는 단지 이리저리 도로를 만들 선을 긋는다고 하여 끝나지 않는다. 방대한 계산과 예측이 선행되는 작업이다. 그렇다 보니 도시계획은 그 사회의 현실과 야심을 고스란히 보여준다.

도시계획이라는 개념이 생기기 전에도 도시는 존재했다. 오히려 훨씬 많은 도시가 도시계획 이전에 자연발생적으로 만들어졌다. 그러나 계획이 있다고 해도 외적을 막기 위해 도시 주위에 성을 쌓는 정도였다. 길보다 건물이 먼저 들어서면서 형성된 도시들이 우리 주위에는 더 많다. 건물을 짓고 남은 부분이 길이 되었다. 이런 경우에는 결국 미로와 같은 거리 패턴이 생기게 된다. 한양 천도 이후 서울의 궁궐 앞은 계획이 되어 지금의 세종로와 종로로 불리는 골격을 갖추었다. 그러나 곧 도시의 크기는 계획한 수준을 넘어버렸다. 근 600년이 지나 여의도나 강남의 도시계획이 있기 전까지 서울은 이처럼 자연발생적인 생성 과정을 통해 만들어졌다.

역사가 오랜 도시들은 거의 이런 생성 과정을 거쳐왔다.

광화문 인근에 아직 남아 있는 조선 시대. 여전히 살아남았다는 사실만으로도 가치가 있지만 재개발의 압력을 얼마나 버틸 수 있을지는 참으로 불투명하다.

역사 도시에서 흔히 발견되는 도로들은 이동이라는 기능적인 관점에서 보면 경쟁력의 한계를 당연히 가지고 있다. 자동차 앞 유리창 너머로 보아서는 도저히 해석할 수도 좋아할 방법도 없다. 그러나 보행인 입장에서 수수께끼처럼 흥미진진하게 전개되는 가로는 계획된 도시에서는 찾기 힘든 매력이다.

　길은 원칙적으로 사람과 물품이 이동하기 위해 존재한다는 것이 모범 답안이다. 그렇다고 길이 그렇게 꼭 한 가지 목적만으로 존재하지는 않는다. 동네 꼬마들이 길을 막고 공을 찬다면 길은 순식간에 작은 운동장이 되기도 한다. 행상을 하는 아주머니가 보따리를 풀어놓으면 시장이 되기도 한다. 이처럼 복잡한 인간사가 길에서 이루어진다는 점을 생각하면 길은 곧게 뻗은 것보다 오히려 구불구불한 것이 더 좋을 수도 있다. 물론 쌩 하니 달려야 하는 자동차를 위해서는 곧은 길이 좋겠다. 하지만 우리는 항상 어디론가 달려가야 할 자세만으로 도시에

서 살지는 않는다. 적어도 보행인에게는 폭도 변하면서 이리저리 굽은 도로가 더 재미있을 것이다. 골목 어귀마다 달리 펼쳐지는 다양한 경관은 숫자로 계량되지 않는다. 그러나 거기서 뛰어다니면서 숨바꼭질을 하는 꼬마가 30년 뒤에 반추해볼 모습으로는 무척 소중한 것이다. 그 꼬마의 기억에는 '35-2번지'보다 '감나무집'이 더 소중히 들어 있을 것이다.

　　도시의 물리적 모양은 가치중립적이라고 보아야 한다. 정말 중요한 것은 어떤 인생들이 그 안에 담기는가 하는 것이다. 시민에 의해 선출된 후대 대통령이 왕정복고 당시에 만들어진 도로에서 2차 대전의 승전 퍼레이드를 벌인다는 사실만으로 정통성을 의심받지는 않는다. 도시의 가로 패턴을 만드는 것은 건축가, 도시계획가 들이다. 그러나 도시를 채워나가는 것은 그 사회의 정치, 경제, 문화다. 도시를 만들어나가는 사람들이자 도시의 궁극적 설계자는 시민, 우리 모두다.

왼쪽) 2003년 5월 25일 청계천 복원을 앞두고 벌어진 이벤트. 청계천 복원을 찬성하는 목소리, 반대하는 목소리가 동시에 들린다. 이 길을 무심히 자동차로 지나가는 사람들. 이 길을 생계 수단으로 삼고 있는 사람들이 함께 보이기도 한다.

오른쪽) 만리재옛길. 마포나루에서 숭례문 앞 칠패시장을 연결하는 유일한 길이었으니 얼마나 많은 할아버지의 애환이 아스팔트 아래 묻혀 있을까.

건축과
이데올로기

자동차는 우리가 살면서 집 다음으로 많은 돈을 투자하여 장만하는 재산이다. 해마다 요리조리 모양과 이름을 바꾸어 시장에 선뵈는 자동차들 중에서 하나를 골라 구입하는 일은 쉽지 않다. 고민을 하다 보면 선택의 여지가 많은 것도 골칫거리라는 생각이 든다. 고민 끝에 어렵사리 자동차를 선택하여 타고 다니다 보면 곧 새로운 유혹이 다가선다. 바로 다음 해에 새로운 모델이 등장하는 것이다. 방송 광고는 기다리시던 차가 드디어 나왔노라고 호들갑스레 떠든다. 기껏 장만한 차가 순식간에 구닥다리로 몰리기 시작한다. 그리하여 멀쩡하게 잘 돌아다니는 차가 어느새 처분 대상으로 눈총을 받는다.

그러면 새로운 차는 얼마나 새로운가? 기능상의 근본적인 변화들을 만들어내기에 자동차는 이미 대단히 정교하다. 문제는 광고에서 새로 선뵈는 자동차들이 대개 껍데기만 바뀐 채

등장한다는 것이다. 여자들이 아침에 화장을 하듯이 포장만 바꾸는 것에서 우리는 상업자본주의가 규정하는 디자인의 방향을 들여다볼 수 있다.

디자인과 상업주의

상업주의 디자인의 특징은 내용물을 포장하는 데 있다. 주위에서 디자인되었다고 할 만한 것들을 찾아보자. 텔레비전, 라디오, 전화기, 컴퓨터와 같은 것들이 눈에 우선 띈다. 자동차도 여기 낀다. 이들은 모두 플라스틱이나 철판이라는 얇은 피막으로 싸여 있다. 내부 생김새는 전혀 딴판이다. 엔진, 기화기, 냉각기 등이 난마처럼 얽혀서 복잡하기 이루 말할 수 없다. 디자이너들은 내부의 기능적 메커니즘과 관계없이 그 표피를 이리저리 달리함으로써 다른 상품인 것처럼 지속적으로 물건을 만들어낸다.

내용물을 표피로 감싸는 디자인이 지니는 강점은 경제성에 있다. 내용물을 보여주면서 이들을 보기 좋게 정돈하는 건 골치 아픈 일이다. 아예 전체를 보자기로 덮어씌우되 그 보자기를 디자인하는 것이 더욱 싸게 먹힌다. 보자기는 또 수시로 바꿔 덮을 수 있다. 소비 시장을 계속 확대하면서 상품을 갈아치울 수 있는 것이다.

상업주의의 영향을 받지 않는 자동차도 있다. 군대에서 쓰는 자동차들이다. 올해 유행은 유선형이므로 우리 사단의 자동차를 모두 교체해야겠다는 식의 이야기가 통하지 않는 곳이

왼쪽) 한가하게 쉬고 있는 꼬마 불도저와 경운기. 내년에도 유선형 경운기가 등장하지는 않을 것 같다.

오른쪽) 군용 지프는 예쁘게 만들어서 시장을 확보한다는 의지가 아니라 철저히 기능적인 논리로 무장하여 만들어졌다. 기능적인 모순이나 한계가 아닌 유행 때문에 모습이 바뀌지는 않는다.

군대다. 군용 지프는 1941년에 윌리스 지프Willys Jeep로 선보인 이후 아직도 그 모양 그대로 군용 차량으로 굳건히 사용되고 있다. 궁핍했던 시절 아이들이 초콜릿을 달라고 따라다니던 그 지프들은 새나라 택시가 모두 사라진 지금도 휴전선 일대를 부산하게 돌아다니고 있다.

경운기, 불도저, 레미콘 운반 차량도 모두 마찬가지다. 이들은 보기에 그럴싸할 필요가 없다. 해마다 이용자들의 호기심을 자극하여 판매량을 늘릴 필요도 없다. 이들은 속 내용을 숨기고 겉을 피막으로 감싸려는 아무런 노력도 없이 담담하게 모든 것을 보여준다. 그만큼 자신감에 가득 차 있고 디자인의 긴 생명력을 유지하고 있다. 그러나 승용차는 다르다. 똑같은 플랫폼을 갖고 있으면서도 해마다 겉모양을 바꿔 이전 모델이 구형이므로 새 모델을 구입해야 한다고 끊임없이 유혹하고 강요한다. 그렇게 시장이 개척되지 않으면 자동차 회사는 도산하게 된다.

상업주의 디자인은 건물인들 예외가 아니다. 건물 중에는 오로지 자본의 확대 재생산을 존재 이유로 하는 것들이 있다. 고층 사무소 건물들은 제한된 토지의 이용을 극대화하려는 의지로 층층이 쌓아 만들어진다. 상업주의적 아이디어의 산물인 것이다.

이 건물들은 땅 모양과 그 지역의 특성에 따라 요구되는 법적 제약에 의해 기본적인 크기만 다르다. 기둥을 세우고 바닥 판을 얹는다는 점에서는 거의 차이를 찾아볼 수 없다. 상업주의의 가치 판단에 따라 디자인할 것을 요구받는 건축가들은 자동차 디자이너들처럼 표피만으로 디자인 영역을 제한받게 된다. 거리를 다니면서 주위에 세워지는 사무소 건물들의 공사 현장을 유심히 들여다보자. 그 건물들 또한 자동차와 다름없이 속은 어찌 되었건 얇은 표피로 감싸인 것을 알 수 있다. 이 표피는 단순하고 굴곡 없이 처리되어야 경제적이다. 이 논리에 의해 현대에 세워지는 건물들은 상업적 계산이 사회의 가치 판

한국은행 화폐박물관(왼쪽)과 한국씨티은행 사옥(오른쪽). 외벽은 얇을수록 경제적이라는 논리에 따라 80년의 세월 동안 건물의 표피는 엄청나게 얇아졌다.

단 기준이 되기 전에 세워진 건물들에 비해 훨씬 밋밋하게 디자인되고 있다.

간판의 투쟁

건물이 완성되면 입주가 시작되고 당연히 간판이 매달린다. 간판은 건물 내부에서 벌어지는 사건을 안경점, 당구장, 분식점, 서점…… 하는 식으로 이야기해준다. 간판 없이 상업 행위가 일어나지 않고 간판 없이 도시가 존재하지도 않는다. 간판이 없으면 우리는 감기약 몇 알을 사기 위해 탐문 수사를 벌여야 한다. 간판은 도시에서 무언가 사람 사는 사건이 벌어지고 있음을 보여주는 증거물이기도 하다.

건물에 간판이 매달리기 시작하면 건물과 간판, 간판과 간판 사이에서 평화적 공존과 적대적 공존의 선택이 요구된다. 그리고 이 선택에 따라 도시의 모습이 제각기 다른 방향으로 바뀌어나간다. 평화적 공존을 위해서는 엄격한 규칙의 제정과 준수가 필요하다. 반면 적대적 공존은 다분히 자연발생적이다. 규칙이 없는 경쟁은 곧 전쟁으로 바뀐다. 아쉽게도 한국의 도시에서는 대개 적대적인 공존이 선택되고 간판에 의한, 간판을 위한, 간판의 한바탕 싸움이 시작된다.

건물과 간판이 싸움을 하면 승패는 간단히 결판이 난다. 간판의 압도적인 승리로 이야기가 종결된다. 그때부터 건물은 어디론가 사라지고 간판들만 왁자하게 떠들기 시작한다. 다음에는 2차전, 간판과 간판 사이의 투쟁이 지속된다. 이 투쟁은

톨스토이의 소설 『부활』의 한 부분을 인용하는 것으로 쉽게 표현할 수 있다. 좀 길게 인용을 하자.

잃은 것은 건물이고 얻은 것은 간판인 어느 상가. 도시가 정글이라면 우리의 도시는 콘크리트가 아닌 문자의 정글일 것이다.

그가 문을 열고 면회실에 들어갔을 때 그를 맨 먼저 놀라게 한 것은, 100명 가까이 되는 사람들의 고함 소리가 하나로 합쳐진, 귀청이 떨어질 것만 같은 굉음이었다. 마치 설탕에 덤벼든 파리 떼처럼, 방을 둘로 갈라놓은 철망에 다닥다닥 매달려 있는 사람들 곁으로 가까이 갔을 때, 네플류도프는 비로소 그 까닭을 알게 되었다. 후면 벽에 몇 개의 창이 있는 이 방은, 한 겹이 아니라 두 겹의 철망으로 갈려 있었다. 그 철망은 천장에서 마룻바닥까지 막고 있었고 철망 사이에는 간수들이 돌아다니고 있었다. 철망의 저쪽에는 죄수들, 이쪽에는 면회인들이 있었다. 그들 사이에는 두 겹으로 된 철망과 2미터 남짓한 거리가 있었으므로 무엇을 주기는커녕 얼굴을 보는 것조차 — 특히 근시안인 사람은 전혀 — 불가능할 정도였다. 이야기를 하는 것도 쉽지 않아서 잘 알아듣도록 하자면 고함을 쳐야만 했다. 양쪽 철망에 바짝 댄 얼굴들, 즉 아내, 남편, 아버지, 어머니, 아들 들이 서로 상대방을 잘 알아보고 필요한 말을 하려고 애를 쓰고 있었다. 그러나 제각기 상대방에게 알아듣게 하려고 악을 쓰고 있는 데다, 옆의 사람도 같은 생각이어서 그들의 목소리는 서로 방해가 되어 저마다 남을 압도하려고 큰 소리로 외쳐대는 것이었다. 바로 이 외침 소리가 뒤섞인 엄청난 소리 때문에, 네플류도프는 방 안에 한 발 들어서자마자 깜짝 놀라지 않을 수 없었던 것이다. 대체 무슨 말을 하고 있는지 알아들으려고 해보아도 그것은 소용없는 일이었다.

이 상황은 우리 도시의 간판에도 고스란히 적용할 수 있다. 그리고 적대적 공존이 지니는 한계를 보여준다. 그 간판을 내거는 사람들이 도시의 시민들이기에 도시의 경관을 만드는 이는 건축가, 도시계획가가 아니라 시민이다. 뒤집어서 이야기하면 도시는 시민의 문화적 의식 구조를 보여준다는 구태의연한 이야기가 다시 확인되는 것이다.

사실 간판의 문제는 단순히 도시 환경이나 도시 미관의 잣대로만 접근하기는 어렵다. 간판을 내거는 사람들에게는 바로 생존과 직결되는 문제이기 때문이다. 우리에게는 거주 이전이 잦은 만큼 상권과 업종의 변화 속도도 빠르다. 그러다 보니 간판은 도시 미관을 결정하는 요소라고 인정을 해도 굳이 많은 돈을 들여 예쁘고 내구성 있게 만들 이유가 없다고 판단하는 것이다. 그래서 간판은 가장 적은 돈을 들여 가장 뚜렷하게 업종을 이야기하면 되는 일회용 도구로 머물게 되었다. 결국 간판과 건물이 아름답게 공존하기 위해서는 우리의 경제와 주거생활이 유목 아닌 정주를 가능하게 할 때까지 기다려야 한다는 비관적인 예상까지 하게 한다.

음악당의 정치학

음악당의 좌석 배치에서도 위계를 읽을 수 있다. 우리가 주위에서 볼 수 있는 극장, 음악당들은 대개 좌석이 좌우 대칭으로 배치되어 있다. 그 좌석에 앉을 수 있는 권리는 음악회에 가는 사람이 얼마나 음악을 좋아하는지에 따라서 결정되지 않는다. 자본의 여력이 얼마나 있느냐에 따라 결정된다. 그래서 음악당은 자본으로 치환된 사회의 단면을 여실히 보여준다.

공연장이라는 서양의 건물 양식이 제대로 모습을 갖춘 것은 르네상스 시기였다. 그 이전의 공연은 장터나 거리에서 이루어졌다. 르네상스는 투시도법이 발견된 시기이기도 했다. 대상을 우리 눈에 보이는 대로 그릴 수 있게 해준 투시도법의 발견은 회화繪畵의 혁명이었다.

이때는 연극이 주로 공연되었다. 그러기에 무대에서는 배경 그림이 필요했고 새로 발견된 투시도법은 요긴하게 사용되었다. 무대 배경은 객석의 한복판에 앉아 있는 사람이 보았을 때 가장 좋은 효과를 얻도록 제작되었다.

이 좌석 배치는 시민사회가 도래하기 이전, 왕과 귀족이 사회를 지배하던 시대에 유럽에서 이루어진 것이다. 왕이 가장 좋은 자리에 앉고 귀족이 그 근처에 앉는다. 집사들은 또 그 뒤에 앉는다. 농부들은 그냥 밭에 남아 있으면 된다. 음악당에는 분명 좋은 자리와 나쁜 자리가 있다. 좌석을 나누는 기준이 18세기에는 사회적 권력 구조였다면 이제는 자본의 소유관계로 바뀌었다. 첫 음악이 끝나자마자 더 좋은 자리로 우르르 이동하는 우리의 음악회 풍경은 그 소유관계가 빚어내는 갈등을 고스란히 보여준다.

서양 오페라의 주제는 대개 남녀상열지사男女相悅之詞였다. 사회적인 이슈는 없거나 부수적인 것이었다. 그런 만큼 오페라 극장은 사교장이었다. 그중에서도 오페라 극장의 벽면을 메우고 있는 갤러리박스는 귀족들의 은밀한 사교 공간이었다. 바그너는 오페라의 주제를 민족적 신비주의로 바꿔버렸다. 자신의 음악을 부르는 이름도 아예 악극으로 바꿔버렸다. 바그너가 보기에 자신의 이 위대한 음악은 새로운 공간을 필요로 했다. 그 결과 바이로이트 축제 극장이 건립되었다. 초인超人과 인간의 갈등을 그리는 악극을 감상하는 공간에서 귀족과 평민의 구분은 무의미했다. 귀족들만의 공간인 갤러리박스가 없는 극장이 완성된 것이다.

음반 가게에 가면 베를린 필하모닉 교향악단과 명성 높던 지휘자 카라얀의 사진이 벽에 붙어 있는 것을 가끔 볼 수 있다. 거기서 사람은 빼고 건물만 들여다보자. 이 음악당의 모양

왼쪽) 예술의 전당 콘서트홀 내부. 대개의 공연장은 뚜렷한 좌우 대칭의 평면을 갖고 있다.

오른쪽) 베를린 필하모닉 음악당 내부. 위계가 무너져서 사실 산만할 정도에까지 이르러 있다.

이 좀 독특하게 생긴 것을 발견할 수 있다. 건축가 한스 샤로운 (Hans Scharoun, 1893~1972)은 베를린 시민의 세금으로 짓는 음악당은 군주에 의해 지어진 음악당과 당연히 달라야 한다고 생각했다. 군주를 위해 마련되었던 음악당 한가운데의 바로 그 자리가 갖는 의미가 이제 사라졌다는 것에 그는 주목하였다. 그래서 그는 이 음악당에서 좌석을 죄 흩뜨려서 배치하였고 무대를 음악당의 한가운데에 집어넣었다. 좌석들 사이의 위계와 갈등은 그만큼 희석되었다. 음악의 열기는 저 먼 무대 위가 아니라 객석 한가운데서 퍼져 나오게 된 것이다.

주택 안의 헤게모니

인간은 평등해야 한다. 그러나 그렇게 소리 높여 주장해야 하는 상황이면 이미 인간은 평등하지 않다. 인간이 평등하게 태어났다는 것은 우리 모두가 추구하고 받아들여야 할 원칙이지만 실제로 그리 태어난다고 믿는 것은 섣부르고 위험하다. 평등하게 만들려는 노력은 중요하지만 실제로 이 세상은 그리 공평하지 않다.

남녀 문제가 대표적이다. 단군 신화에서 출발하여 21세기에 이르기까지 이 땅에서 남녀가 평등해본 적은 없다. 그 수직적 관계는 건축으로 고스란히 표현된다. 남녀가 만나 가정을 이루면 주택은 그 가정을 담는 그릇이 된다. 그런 만큼 주택에서는 남녀 구분이 만만치 않게 드러난다. 안채와 사랑채, 안방과 사랑방의 구분이 바로 공간으로 구획된 남녀의 분리를 보여준다. 같은 여자라도 며느리와 시어머니 사이에 누가 헤게모니를 쥐고 있는지는 안방을 누가 사용하는지에 따라 표현된다. 안방을 사용하는 사람이 곳간 열쇠를 움켜쥐고 있는 것이다.

창덕궁 후원에 있는 연경당演慶堂은 조선 시대 사대부의 주거 모습을 보여준다. 아니, 보여주기 위해 만들어졌다. 이 건물에서 남녀는 출입구부터 분리되었다. 그것도 뚜렷한 위계를 가지고 말이다. 물론 이와 같은 노골적인 구분은 현대에서는 찾아보기 어렵다. 그러나 아직도 곳곳에서 건축가의 가치 판단을 요구하는 민감한 구석이 남아 있는 것은 사실이다.

현대의 주택에서 부엌은 마지막으로 남아 있는 노동의 공간이다. 이제는 부엌이라고 하면 냉장고와 식탁이 들어선 입식 생활의 모습을 상정한다. 그러나 여전히 주방에서 노동하는 사람은 주부, 즉 여자로 인식된다. 문제는 이 부엌이 여전히 노동하는 사람을 소외시키는 건축 형식으로 만들어진다는 것이다. 부엌에서 작업대는 항상 벽을 면하고 배치되어 그 앞에 서 있

연경당의 같은 담에 있는 두 개의 문. '장양문長陽門'은 사대부가, '수인문脩仁門'은 아녀자가 드나들던 문이다. 지붕을 보면 차이가 보인다. '장양문' 앞에는 말에서 내릴 때 딛는 하마석이 서 있다.

는 사람은 다른 가족 구성원들을 등지고 작업해야 한다. 입식 생활이 전제가 되는 상황이어도 베란다에는 쪼그리고 걸레를 빨아야 하는 높이로 수도꼭지가 설치되어 있곤 한다.

건축가들 중에는 낮 시간에 주택에서 생활하는 주부의 노동 공간인 부엌이 안방 대신 남쪽에 배치되어야 한다고 주장하는 사람도 있다. 상당히 설득력 있는 이야기이지만 사회적인 관성은 이러한 주장을 쉽게 받아들이지 못하고 있다.

그렇다면 남쪽을 면한 그 안방은 누가 사용하고 있을까. 일반적인 답은 가장과 주부일 것이다. 말하자면 아빠와 엄마다. 그러나 그 답은 부분적으로만 옳다. 실제 조사를 해보면 안방을 사용하고 있는 이는 그 집안의 최고 권력자다. 가장 대표적인 권력은 경제권이다. 가장에게 경제권이 없어지고 자녀 중

전통적인 부엌 풍경. 축복받지 못한 인생이 여기 앉아서 밥 짓고 불을 지펴야 했을 것이다. 그런 처지는 이 공간의 모습에서 고스란히 드러난다.

누군가가 집안을 부양하기 시작하면 안방 사용권이 이전되는 경우가 빈번하게 발생한다. 자녀 중 누군가가 고3 수험생이 되면 권력의 중심으로 부각되면서 안방 주인이 바뀌기도 한다.

전통 한옥에서 볼 수 있는 행랑채도 아파트에 흔적을 남겼다. 바로 현관 앞의 방이다. 그 방의 이용자는 대개 그 집의 큰아들이다. 형광등이 고장 났을 때 의자를 딛고 천장에 매달려야 하는 사람이 바로 그 방을 사용하게 되는 것이다. 신기하게도 그 방을 막내딸이 사용하는 경우는 거의 발견하기 어렵다.

권위와 정통성

사회의 권력 구조가 건물에 자연스럽게 표현되기도 하지만 이를 적극적으로 표현하려는 경우도 있다. 권위라고 하는 추상적인 개념을 가시화하기 위한 방편으로 건축이 종종 이용되기도 하는 것이다.

도서관은 제왕의 공간이었다. 지식은 백성들에게 풀어주기에는 위험한 것이었고 지식을 쌓아두는 작업은 제왕의 통제 아래 있어야 했다. 지식이 위험하다고 생각될 때 전제 정권은 책을 불태우고 지식을 갖고 있는 이들을 처형했다. 그런 만큼 지식이 쌓여 있는 공간인 도서관은 제왕의 권위를 보여줘야 했고 쉽게 접근할 수 없는 곳이어야 했다. 건물 앞에 계단이 조성되고 열주가 세워졌다. 문제는 이런 전제적인 정권 시대의 관성이 쉽게 사라지지 않는다는 점이다. 이미 절대 왕권이 사라진 시대에도 권위에 가득 차 보이는 도서관이 얼굴을 내밀곤 한다.

물론 권위가 있어 보이는 것과 실제로 권위가 있는 것 사이에는 그다지 설득력 있는 상관관계를 찾을 수 없다. 그리고 존재하지 않는 권위가 건물을 통하여 과시적으로 표현될 수 있는지도 검증되지 않았다. 그러나 권위적인 것처럼 보이는 건물에 대한 요구는 끊임없이 있어왔다. 그리스나 로마 시대에 그리하였다는 이유로 열주들을 세우고 돔을 얹고 건물을 좌우 대칭으로 만드는 모습이 그 예다. 여의도 국회의사당을 필두로 한국에 세워지는 많은 관공서 건물들이 이런 권위적 도식에서 벗어나지 못하였다.

국회의사당은 건물 자체뿐 아니라 건물을 사용하는 방식도 여전히 권위적이다. 놀랍게도 의회민주주의를 전제로 존재하는 이 건물에서 보이는 것은 왕권 시대의 흔적들이다. 정문을 이용할 수 있는 이들은 국회의원, 국회의원 보좌관, 그리고 원내 출입기자로 제한된다. 그 국회의원들을 뽑은 유권자들은 뒷문으로 들어가야 한다.

유권자들은 평등하게 투표권을 행사했어도 선출된 국회의원들이 평등하지는 않은 모양이다. 정문 마당에는 품계석이 설치되어 국회 내의 위계별로 승용차를 세워놓게 한다. 품계

국회의사당은 공간으로 번역된 권력 그 자체다. 아스라이 먼 계단으로는 아무나 올라갈 수 없고 그 위에는 품계석이 있어 지정된 권력자들만 차를 세운다.

석을 배정받지 못한 국회의원들은 마당 앞 계단 아래에 승용차를 세워놓아야 한다. 민주공화국인 대한민국의 국회의사당은 전제 군주의 조선 시대 궁궐을 닮고자 하고 있다.

이처럼 통치하지는 않아도 군림하려는 의지가 건물을 통해 드러나곤 한다. 그렇게 건물을 세우고 사용하여 실제로 그 건물을 사용하는 사람들의 권위가 더 높아졌는지 여기서 확인하기는 어렵다. 오히려 권위에 대한 피해 의식을 지닌 집단들이 그 피해 의식을 보상하기 위한 방편으로 그런 건물을 요구하여왔다는 것이 역사의 이곳저곳에서 발견되곤 한다.

건물은 덩치가 큰 덕분에 선전물로 쉽게 이용될 수 있다. 대규모 건축 사업을 통하여 정치적 불안정의 위기를 희석하려는 노력은 수없이 되풀이되어 왔다. 로마의 대규모 건물들은 대개 정권이 쇠락의 마지막 불꽃을 밝힐 때 만들어졌다. 그 불꽃 속에 빵 대신 서커스의 번제가 타올랐다. 구한말은 조선조의 위기였다. 대원군이 경제적 위험을 무릅쓰고 감행한 경복궁

중건 역시 이런 맥락에서 해석될 수 있다.

일본이 근대사를 왜곡하며 교과서를 자의적으로 기술하려는 사건은 한국 정부의 외교적 역량을 가늠하는 시험대였다. 끓어오르는 국민의 분노를 다스리기에 외교적 역량은 분명 부족하였다. 그래서 대대적인 건설 공사가 이루어졌다. 초등학생들이 벽돌도 모아 오고 국민들이 성금도 내서 독립기념관이 세워졌다. 전시할 내용은 없어도 떠들썩한 구호는 구석구석까지 들려야 했기에 건물의 허우대는 근거 없이 거대해졌다. 속은 비었을망정 세계 최대의 기와집임은 듣는 사람은 없어도 날이 밝도록 노래되었다.

이런 경우 건축주가 되는 정치 세력은 형태의 기준을 정해놓고 건축가들로 하여금 이 기준을 강요하는 것이 상례였다. 이는 정통성과 관계가 있다. 히틀러가 새로 짓는 건물마다 고대 로마 시대의 양식을 따르게 한 것은 제3제국의 정통성을 과시하고 강요하기 위한 당연한 조치였다. 한국에서도 정치적 정

독립기념관 겨레의 집. 세계에서 가장 큰 기와집이라고는 하지만 가장 훌륭한 기와집이라는 평가는 들리지 않는다.

통성의 결핍을 감추기 위해 전통 형식을 모방한 건물을 의도적으로 활용했다. 내용과 관계없이 무조건 기와집이 요구되던 과거도 이와 무관하지 않다.

빛나는 전통

경복궁 내에 자리한 국립민속박물관은 현상설계공모 때 우리가 알고 있는 기와집을 고스란히 베껴 오라고 노골적으로 주문한 것이다. 그렇게 만들어진 건물 앞에는 '전통과 현대가 어우러진 문화의 전당'이라는 제목의 팻말이 서 있다.

건물의 전면 중앙은 조형성이 뛰어난 불국사의 청운교, 백운교 형태를 본떠 만들었고, 건물 전체의 벽면과 난간 구성은 삼국 시대의 목조 가구식 기단基壇 위에 경복궁 근정전의 장중한 석조 난간 모형으로 꾸몄다. 전면 가운데 보이는 5층탑 건물은 법주사 팔상전을, 동편 3층 건물은 금산사 미륵전을 표현하였고, 서편의 2층 건물은 화엄사 각황전을 표현하여 우리나라의 전통적 건축 양식을 재구성하였다.

이 건물이 과연 전통문화의 올바른 인식을 통한 민족적 자긍심을 일깨울 수 있는 사회 교육의 현장인지 확인할 길은 없다. 정말 던져야 할 질문은 이런 잡동사니에 어떤 가치가 있는가 하는 것이다. 이 안에 과연 전통과 현대와 문화가 들어 있는지 우리는 물어야 한다. 복제는 우리의 전통이 아니다. 팔상전

왼쪽) 국립민속박물관의 '팔상전'에는 팔상도가 없고 '청운교', '백운교'로는 올라가지 말고 구경만 하라고 한다. 20세기 후반에 만든 이 건물이 건축적으로 가치가 있다고 하는 이는 거의 없다.

오른쪽) 화장실이 그 사회의 문화 수준을 이야기한다고 말하는 이들도 있다. 이 화장실은 과연 그 수준을 보여주는지도 모르겠다.

은 '팔상성도八相成道'가 봉안됨으로써 의미가 있고, 선조들이 우리에게 남긴 문화유산으로서 가치가 살아 있다. 그러나 이를 무작정 베껴놓은 국립민속박물관은 우리가 후손에게 남겨주기에는 부끄러운 구조물이다.

관공서가 발주한 수많은 건물이 콘크리트로 된 기와집 모양으로 거리낌 없이 만들어졌다. 도처에 기와지붕을 얹은 미술관, 공항, 도서관, 기차역이 생겨나게 되었다.

국립현대미술관에도 팔각정을 만들어 올리라는 요구는 계속되었다. 그러나 국제적 지명도에 힘입은 건축가의 완강한 거부로 건물은 원래 설계대로 지어졌다. 그렇게 지어진 건물 어디에도 기와지붕은 없지만 전통을 제대로 해석한 한국 현대건축의 걸작으로 외국의 건축 저널에 대대적으로 보도되었다.

한국의 빛나는 전통문화라는 것이 오늘날에도 반드시 그대로 모방, 답습되어야 한다는 정태적 피해 의식은 21세기의 어딘가를 달리고 있어야 할 건축가들의 발목을 잡아왔다. 기와

한국 전통 건축의 아름다움이 날아갈 듯한 처마 선에 있다고 이야기하는 이는 눈은 감은 채 들은 이야기만 재생하는 것이다. 음색은 빼지고 멜로디만 들린다면 그건 감상이 아니다. 용마루에서 뻗어 내린 기왓골, 부채를 편 듯 날개를 편 듯 뻗어나가는 서까래가 보여야 한다.

지붕과 처마 곡선미만으로 전통 건축을 이야기하는 이들은 실제로 전통 건축을 제대로 본 적이 있는지 자문해봐야 한다. 용마루에서부터 죽죽 뻗어 내린 기왓골과 서까래의 박력을 본 적이 있는지, 막새기와의 의미를 찾아본 적이 있는지 자문하여야 한다. 날아오르는 거대한 새의 날개 같은 처마를 처연하게 선으로만 해석하는 한 "조선 역사의 운명은 슬픈 것이다"라는 일제강점기 지배국 이국인의 미의식에서 우리는 한 발도 더 나갈 수 없다.

전통은 정신을 계승하는 것이지 모양을 복제하는 것이 아니다. 우리 전통 건축을 중국 건축과 다르게 만든 추동력은 '달라지겠다는 의지'다. 그것이 우리의 보편적 전통이다. 용솟음치는 창작 의지가 우리의 전통이다. 진경산수를 만든 힘이다. 전통 박물관은 꼭 기와집 모양이어야 한다고 믿는 이들은 지금도 도포 자락을 휘날리면서 거리를 활보하고 있는지도 모를 일이다. 우리는 신라 시대의 금관을 조선 시대에 복제해 만들었다고 그것을 가치롭게 여겨 박물관에 들여놓지 않는다. 고려 시대의 청자가 조선 시대의 도공에게 강요되었다면 우리에게 백자는 남아 있지 않을 것이다. 우리의 문화는 12세기의 어딘가에서 머물고 있을 것이고 그만큼 밋밋해졌을 것이다.

벅차기만 하였을 종가 맏며느리의 인생살이와 농경 사회의 잡다한 작업을 거론하지 않고 전통 건축을 형태와 공간만으로 이해하기는 어렵다. 방울 같은 계집종과 말니 같은 사내종이 뛰어다니면서 대청마루를 닦고 마당을 쓸어주던 시대의 고대광실을 이야기하기에 우리 사회는 분명 너무 많이 달라졌다. 전통 기와집은 가치가 있으나 모양만 흉내 낸 현대의 기와집은 그렇지 않다. 강철과 콘크리트가 더 합리적인 사회에 사는 건축가들이 만드는 집을 목조 기와집의 모양을 머릿속에 간직한 채 제대로 감상하기는 어렵다. 문화는 축적되면서 발전하는 것이다. 발전은 이전 것을 초월하여 그 시대에 맞는 생활의 모습을 만들어나가는 데서 에너지를 얻는 것이다.

고려청자와 조선백자. 사대부의 모습 같은 백자가 없었으면 좋으리라고 이야기하는 이는 과연 누구인가.

보이지 않는 세계

건축가와 조각가가 다른 점은 무엇일까. 조각가들은 자기 돈으로 조각을 만들지만 자기 돈으로 건물을 만들 수 있는 건축가는 거의 없다. 많은 건축가가 자신의 작품 연보에 건물을 나열한다. 그러나 그 건물들은 건축주의 돈으로 지어져서, 또 다른 누군가의 소유로 등기되어 있다. 건축가들이 건축 생산 수단을 소유하지 못한다는 사실, 즉 건축가들이 직접 건물을 지어 팔 만큼 자본을 소유하고 있지 못하다는 사실은 건축가들에게는 껴안고 살아야 할 굴레다.

자본주의가 사회에서 점점 더 큰 힘을 발휘하면서 사회의 모든 문제는 숫자로 치환되어 평가된다. 건물들도 얼마나 더 많은 자본을 확대 재생산해낼 수 있는 도구인가 하는 잣대로 가치가 매겨지곤 한다. 이 때문에 건축가들이 계획하는 많은 건물이 그 문화적 가치와 무관하게 마음대로 고쳐 지어지기도 한다. 그렇게 짓고 또 무너진 백화점이 있다는 사실이 어두운 기억의 저편에 아직도 남아 있다. 내가 돈을 내어 짓는 건물이므로 내 마음대로 디자인을 고칠 수 있다는 논리는 한국 사회에서 너무나 많은 건축가에게 좌절감을 안겨줬다. 건축 문화의 축적을 그만큼 더디게 한 장애물이었다.

인간의 지적인 노동력이 보이지 않는다고 해서 그 가치를 무시해오던 풍조는 많은 디자이너, 학자, 컴퓨터 프로그래머 그리고 건축가를 좌절시켰다. 옷감의 크기와 옷값이, 책의 두께와 책값이 비례할 필요가 없다는 점이 인정되어야 문화로서의 건축이 제대로 자리를 잡는다.

좋은 건물은 건축가의 훌륭한 설계만으로는 완성되지 않는다. 건축주의 안목이 그만큼 중요하다. 비싼 건물이 반드시 좋은 건물이 되지는 않는다. 좋은 건물이라고 항상 많은 돈을 들여 지은 것도 아니다. 다만 더 튼튼한 재료를 사용하고 꼼꼼한 시공을 거칠 수 있기에 돈과 시간을 많이 들이면 더 좋은 건물이 될 가능성은 분명히 높다.

그러나 그렇지 않아도 좋을 부분에서조차 확인되지 않은 자본의 논리를 내세우는 건축주의 자세는 좋은 건물을 만드는 데 어려움이 되곤 한다. 경우에 따라 계산기를 안주머니에 넣어두는 선택이 요구될 때도 있다. 우리가 가장 싼 옷과 음식을 자녀들에게 입히고 먹이는 데서 가치를 찾지 않는 것처럼, 그들이 살아갈 환경을 만들 때 그 가치를 수치로만 판단할 수는 없다. 가장 싼 것이 가장 경제적인 것은 아니기 때문이다.

건물은 지어지는 과정부터 철거되는 순간까지 사회와 계속 관계를 맺는다. 고층 아파트를 짓겠다고 저층 아파트를 허무는 것부터 시작하여 총독부 청사를 허무는 예와 같이, 건물은 존재하는 마지막 순간까지 사회의 정치, 경제적 논리를 반영하게 된다. 누가 자본의 흐름을 통제하고 권력의 중심에 가까이 있느냐 하는 사실은 자연스럽게 건축에 반영된다.

어린아이가 예쁘장하게 동그라미나 세모를 그리는 것과 건축은 다르다. 건축가들이 철저히 가치중립적인 공간, 단지 시각적인 매력을 갖는 공간만을 만드는 것은 아니다. 건축이 사람을 담는 그릇이라고 표현되는 것처럼 공간은 단지 바라보기 위한 대상이 아니다. 구체적인 인간의 모습과 생활 그리고 그 사회의 부대낌, 사회가 바라보는 미래의 모습을 담는 그릇이 된다. 이리하여 건축은 건축가가 공간으로 표현하는 시대정신이 되는 것이다.

우리의 형상을 따라 우리의 모양대로
우리가 사람을 만들자.
우리의 아이디어대로 우리가 건물을 만들자.

건물을
보니

이제부터 지금까지 거론된 내용들을 바탕으로 건물 몇 개를 살펴보기로 하자. 훌륭한 건물이 몇 개 소개될 것이다. 물론 이 밖에도 뜯어볼 만한 건물들은 꽤 많이 있다. 그리고 여기 등장하는 건물들이 모든 이에게 꼭 같은 가치로 파악되리라고 기대할 수도 없다. 그러나 여기서 예로 든 건물들은 한국 건축의 고전이 될 거라고 건축을 하는 많은 이가 공감하는 것들이다.

감상은 옳다, 그르다를 논증하는 과정이 아니다. 이 글에서 거론되는 내용과 다른 방향에서 건물을 들여다볼 수도 있다. 어쩌면 여기서는 건물을 설계한 건축가가 생각한 것과 다르게 해석했을 수도 있다. 그러나 문제가 될 것은 없다. 오히려 그 해석의 다양함이 감상의 창조성이라는 의미를 더욱 빛나게 해줄 것이다.

여기서 언급된 건물들은 건축가의 추상적인 아이디어가 어떻게 건물로 표현되었는지를 보여준다. 그렇기에 아이디어를 제시한 건축가의 가치는 더욱 강조되어야 한다. 그리고 그 아이디어가 건물의 구석구석에 배어 있기에 이 건물들은 고전이라고 이야기될 만하다.

그간 이 책에서는 건물을 설계한 건축가의 이름은 거의 거론하지 않았다. 온갖 아이디어를 짜내서 방향을 제시하고 관계되는 모든 사람을 지휘하며 문제점들을 해결하는 이는 한 사람의 건축가다. 그는 결과물에 최후의 책임을 지면서 자신의 이름을 올려놓는다. 그만큼 그의 능력은 중요하다.

그러나 회화나 조각과 달리, 건물이 제대로 된 작품이라는 소리를 듣는 것은 건축가 한 사람의 의지로 이루어질 수 있는 일이 아니다. 지하실의 주차장 구획부터 옥상의 방수 방법까지를 한 사람이 모두 지정할 수는 없다. 건물에 만들어지는 수많은 선을 다 보기 좋게 맞추는 일만 해도 엄청난 양이다. 우선 건축가라고 하여도 설계 사무실에서 야근을 하면서 온갖 도면을 그려내는 병아리 건축가들의 힘이 필요하다.

　좋은 건물을 만들자고 의기투합한 이들의 힘이 결집되어야 좋은 설계가 태어난다. 여기에 구조, 설비 엔지니어 그리고 실제로 현장에서 건물을 짓는 시공업자들의 끈기도 필요하다. 건축가의 아이디어를 받아들이는 건축주의 혜안 역시 빼놓을 수 없다. 훌륭한 건물로 갈채를 받는다면 모두를 함께 무대에 세워야 할 것이다. 그런 의미에서 건축가의 이름은 되도록 거론하지 않았다. 그러나 거듭 말하자면, 처음으로 아이디어를 제시하고 마지막까지 책임을 지는 이로서 건축가는 중요하다. 그리고 그 이름은 이 책의 맨 뒤에 모아서 밝힐 것이다.

국립현대미술관
- 멀리 돌아가는 아름다움

너무 멀다.

국립현대미술관이 개관했을 때는 이런 볼멘소리들이 쏟아져 나왔다. 미술이 산방山房의 음풍농월吟風弄月이 아니고 치열하기만 한 구체적 현실의 단면이거늘 이를 담을 미술관이 그리 첩첩산중에 들어서 있는 이유가 뭐냐고 곳곳에서 아우성이었다. 그리고 건물을 설계한 건축가도 비난의 통 속에 던져진 채 마구 비벼졌다.

　분명 그렇다. 미술은 우리 인생의 한가운데 있어야 한다. 내로라하는 외국의 미술관들도 대부분 시내 중심지에 있다. 그러나 이건 건축가가 아닌, 이곳에 미술관 세울 땅을 물색한 행정인이 받아야 마땅한 비난이라는 것을 우선 짚고 넘어가야 한다. 미술관 지을 위치를 잡는 데 영향력을 행사할 만큼 여기서 건축가가 대접을 받지는 못하였다.

진입로 시작점에서 본 국립현대미술관.

시간이 좀 흐르고 이곳보다 더 먼 곳에서 서울로 출퇴근하는 사람들이 훨씬 많아졌다. 그러면서 미술에 관심이 없어서가 아니라 멀어서 못 가겠다는 주장도 설득력이 많이 줄어들었다. 이 건물은 입지의 문제를 보상하고도 남을 만큼 주위 경치가 훌륭하다. 대중성의 원칙에 의해 도심에 자리 잡은 미술관들이 따라갈 수 없는 훌륭한 외부 공간의 경험을 이 건물은 제공하는 것이다. 외부 공간은 건축가가 건물을 만들어나가는 데 가장 중요한 모티브였다.

이 책은 백지에 점을 하나 찍는 디자인으로 시작하였다. 이곳저곳이 구겨진 백지에 점을 찍는다고 생각해보자. 큼직한 구멍들도 숭숭 나 있다고 상상해보자. 모두 우리가 점을 찍으면서 염두에 두어야 할 조건들이다. 이들은 디자인의 한계가 되기도 하고 실마리가 되기도 한다. 이제 건축가는 과천의 청

계산 자락이라는 구깃구깃한 종이에 점을 하나 찍게 되었다. 그가 어떻게 부지를 해석하였는지 알아보자.

국립현대미술관에 가는 가장 편리한 방법은 물론 자동차를 이용하는 것이다. 미술관 주차장에 차를 세운 후 잠깐 걸어서 표를 사고 들어가면 된다. 그러나 그것은 자연 속 건물을 음미하는 훌륭한 방법이 아니다. 이 건물의 공간적 드라마는 도보 여행을 위하여 준비되었다. 버스나 지하철에서 내려 차분히 걷는 이를 위하여 마련된 것이다.

대중교통을 이용해서 정류장에 도착한 우리 시야로 멀리 산 중턱에 걸려 있는 이 건물이 들어온다. 건물이 아주 조그맣게 보일 만큼 먼 거리다. 그 정도 거리니 코끼리 열차나 리프트를 타라는 유혹도 받는다. 하지만 그런 건 별로 운치 있는 일이 아니다. 주위 경치가 매력적이므로 즐거이 걸을 수 있다. 천천히 걸어가면서 공간의 전개를 느껴볼 것을 권한다. 이 공간을 제대로 음미하려면 코끼리 열차가 순환 운행하는 것과 반대 방향으로 걸어 올라가야 한다. 왼쪽 길로 걷자.

좀 걷다 보면 호들갑스러운 놀이동산을 지나게 된다. 국립현대미술관과 비교하여 서로 썩 잘 어울리는 조합이라고 할 수는 없어도 그냥 그게 우리 현실이라 생각하고 좀 더 걸으면 된다. 건물은 어느새 훨씬 가까이 다가섰다. 놀이동산을 지나 이제는 미술관의 영역이 되었다 싶은 곳에 이르면 갑자기 건물이 보이지 않는다. 건물 언저리에 쌓인 축대가 건물을 우리의 시선으로부터 차단하는 것이다. 여기서부터 건축가가 공간을

다루는 기교가 제대로 보이기 시작한다.

축대를 따라 걷다 보면 의외의 사실을 깨닫게 된다. 지금까지 우리는 건물의 뒤통수를 보면서 걸어왔다는 것이다. 이 건물은 산을 향해서 입구가 나 있기 때문에 우리는 건물의 모퉁이를 우회해야 한다. 그렇지 않아도 멀기만 한 길을 과감히 더 멀게 만들었다는 점에서 건축가의 결단이 있어야 했던 부분이다. 진입로를 우회시켜서 건축가가 이루고자 했던 것은 기능적인 진입이 아니다. 건물과 자연을 음미하면서 이루어지는 여유로운 진입이다. 요리하는 이를 다그쳐서는 좋은 음식을 얻어먹을 수 없으며, 배가 고파도 잠시 참아야 그 기다림의 대가가 크다.

축대를 따라 조금 더 걸으면 이제 축대 너머로 건물이 모습을 보여주기 시작한다. 무대의 막이 열린 것이다. 여기서 우리는 건물이 의외로 몸집이 크다는 사실을 깨닫게 된다. 의외의 것들이 계속 전개되어야 관객들이 지루해하지 않는다. 계속해

왼쪽) 미술관 옆 동물원, 미술관 옆 놀이동산.

오른쪽) 건물의 모습을 감추는 담.

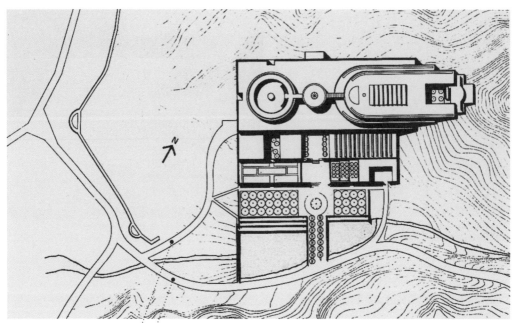

도면제공 | TSK 건축

서비스 도로로 계획된 길. ······
계획된 진입로. ······

서 걷다 보면 그간의 완만한 속도와 달리 경관이 아주 빠른 속도로 변하는 것을 느낄 수 있다. 지휘자의 지휘봉이 좀 더 빠르게 움직이기 시작한 것이다. 한발 한발 움직일 때마다 속속 바뀌어나가는 경관을 느끼는 것은 아주 재미있는 공간 체험이다.

여기서 오해의 소지가 있는 부분을 짚고 넘어갈 필요가 있다. 많은 이들이 이용하는 건물 모서리의 길은 공간의 전개상 제대로 된 진입로가 아니라는 것이다. 하도 사람들이 다녀서 이제는 명실상부한 진입로가 되어버린 서비스 도로를 일단 잊고, 오던 방향을 계속 유지하면서 더 걷자. 작은 호수도 보이고 그 위로 다리도 보이고 좀 더 멀리 건물이 보인다. 각도가 천천히 돌아가면서 건물은 무대의 모델처럼 우리에게 완전히 선을 보였다. 결국 우리는 건물 앞부분에 뻗어나 있는 진입로를 마

주하게 된다. 이제는 정말 건물을 향해 걸어가게 된 것이다.

다시 모습을 드러낸 건물.

　멀리도 돌아서 이르게 된 길이다. 건축가는 왜 이리 진입로를 돌려놓았을까. 우선 건물의 배경을 곰곰이 생각해보자. 버스나 지하철에서 내려서 아스라이 보이던 미술관의 배경은 산이었다. 짙은 녹음과 산의 윤곽은 아기자기한 모습으로 들어앉은 건물의 배경으로 훌륭한 것이다. 지금은 무대 배경이 바뀌었다. 파란 하늘이 건물의 배경이 되는 것이다. 건물을 그려 넣는 화폭으로는 푸르디푸른 하늘만 한 게 없다. 같은 건물이라도 하늘을 배경으로, 그것도 콕 찌르면 푸른 물이 죽 흘러내릴 것만 같은 하늘을 배경으로 서 있으면 훨씬 그럴듯해 보인다. 건축가는 이제 산보다 하늘이라는 캔버스를 선택한 것이다. 끝없이 깊고 푸른 하늘을 배경으로 밝게 빛나는 건물은 그

계획된 진입로의 끝에서 하늘을 배경으로 선 건물.

형태를 떠나 감동스러울 만큼 아름답다. 진입로의 끝에서 보는 국립현대미술관은 보석처럼 시리게 빛난다고 표현할 수도 있다. 직접 가서 그 건물을 제대로 음미해본 사람이면 아무도 그 말에 반박하지 못할 것이다.

　설계자가 진입로를 우회시킨 데는 또 다른 이유가 있다. 건물을 돌아서 온 우리는 남쪽에 서 있다. 우리나라에서는 해가 대개 남쪽 언저리를 맴돈다. 그래서 건물 북쪽 면은 여름의 아주 짧은 시간을 제외하고는 거의 항상 그림자가 져서 어둡다. 그러나 남쪽 면은 이야기가 좀 다르다. 태양이 이동함에 따라 건물 이곳저곳에 변화무쌍하게 그림자가 만들어지는 것이다. 건물의 밝은 벽면에 떨어지는 음영의 대비는 바삭바삭하게 부서질 만큼 강렬하고 인상적이다. 특히 국립현대미술관처럼

빛과 그림자로 이루어진 벽.

벽면이 복잡하지 않고 조소적彫塑的인 형태를 지닌 건물에서는 더욱 그렇다. 건물의 모서리는 시퍼렇게 날이 선 칼끝으로 잘라낸 것 같다.

하늘을 올려다보자. 조금만 관심을 가지고 보면 하늘 전체가 균일한 푸른색은 아니라는 것을 알 수 있다. 해가 있는 남쪽 하늘보다는 반대쪽 하늘이 더 채도가 높다. 더 푸르다. 같은 하늘이어도 그 하늘에서는 더 많은 파란 물이 쏟아질 것이다. 건축가는 더 파란 하늘을 배경으로 삼고 싶었을 것이다. 가장 넓고 가장 파란 화폭에 그려진 가장 높은 명도의 건물을 보여주기 위해 그는 우리를 남쪽 끝으로 초대한 것이다. 먼 진입로의 뒤안길에서 이제는 우리도 돌아와 건물 앞에 섰다.

건물로 다가서자. 그러나 씩씩하게 손을 앞뒤로 저으면서 건물 입구로 걸어가는 사람은 거의 없다. 공연히 이곳저곳을 기웃거리면서 걸어가게 된다. 건물 계단을 오르며 "야, 좀 다른데" 하면서 주위의 여기저기를 둘러본다. 그만큼 진입 속도는 줄어든다. 이곳이 도심이 아니라 아름다운 자연의 한가운데임을 음미하게 된다. 여기서 건축가는 공간의 방향성으로 우리의 속도를 늦춰놓는다. 좀 천천히 걸으면서 경치를 감상하라고 이야기한다.

다시 상기하면 긴 평면의 공간은 그 긴 쪽으로 방향성을 갖는다. 고딕 성당에서 이야기되었던 제대를 향한 방향성을 기억하면 된다. 건축가는 이 건물에서 우리가 입구로 걸어가는 방향에 직각으로 공간의 방향성을 설정해놓았다. 우리의 발길

우리의 발부리를 잡는 건축적 장치들.

은 자꾸 공간의 방향을 따라 게처럼 옆으로 빠지는 것이다. 건물 앞의 분수도 단지 보는 분수가 아니라 만지고 적셔보는 분수이기에 한동안 그 주위에 서서 들여다보게 된다. 손이라도 적셔본다. 벽들도 우리가 걷는 방향에 직각으로 서 있다. 우리는 벽 뒤에는 뭐가 있나 하는 호기심을 가지고 소요逍遙하게 된다. 만지고 들여다보게 된다. 어딘가에는 누군가가 떨어뜨린 동전이 반드시 있을 거라고 굳게 믿는 사람처럼 두리번거리는 것이다.

　이 건물의 내부는 외부만큼 꼼꼼하지 못하다. 좋은 건물을 만들어 길이 후손에게 남겨주자는 의지보다는, 예정된 개관일에 테이프를 자르시는 데 차질이 없도록 빨리 끝내라는 지시가 우선권을 갖는 상황이었기에 내부의 많은 부분은 거친 손으로 마무리되었다. 그 아쉬움 너머에도 자연 속 미술관이라는 건축가의 인식을 찾아볼 수 있다.

　이 건물에 나 있는 창들은 깊이가 깊다. 벽을 그리 꺾어서 만든 것이다. 이 창들은 외부에서 보면 이 건물이 얇은 종이를 접어 만든 것이 아니라 커다란 덩어리를 파내 만든 것 같은 효과를 준다. 창은 내부에서 의미가 더 크다. 전시장을 돌아다니면서 그림들을 감상하다 보면 문득문득 이 창과 마주치게 된다. 건축가는 창이라는 액자를 만들어 그 안에 자연을 전시하고 있다. 이 미술관이 아름다운 자연 속에 들어서 있음을 사람들에게 주지시키고 싶은 것이다. 그림들 사이사이에 마련된 작은 공간과 그 창 너머에 있는 푸른 숲은 건물 내부까지 깊이 들어서 있다.

내부에서 보이는 녹색.

　건축은 공간을 다루는 예술이라고 사람들은 이야기한다. 회화가 예술이라고 하여도 모든 그림이 예술 작품이 될 수는 없다. 공간을 다루었다는 사실로 모든 건축이 예술 작품으로 불릴 수도 없다. 국립현대미술관은 공간을 이렇게 다루면 예술이 된다는 것을 일깨워주는 건물이다. 그 안에 보관된 내용물 못지않은 가치를 지닌 작품이다.

서울대학교 미술관
- 가장 괴상한 초상화를 그리는 순간

눈 두 개, 코 하나, 입 하나. 이 순서로 그림을 그리면 사람 얼굴이 나온다. 이렇게 그려서 피사체와 똑같은 이미지가 담긴 결과물을 부르는 이름이 초상화다. 눈, 코, 입뿐 아니고 터럭 한 올까지 원래 모습에 충실해야 하며 심지어 그의 고양된 정신세계까지 초상화가 표현해야 한다는 시대도 있었다.

그러나 지금 초상화가는 소멸된 직업을 지칭하는 단어다. 누군가가 사진기를 발명했기 때문이다. 그 사진기는 이제 심지어 전화기에도 장착되었다. 평생 한 번 자기 얼굴을 그리는 것이 아니고 매일 자기가 먹는 밥까지 사진으로 찍어 시시콜콜히 주변에 알리는 세상이 되고야 말았다.

그러나 초상화가는 소멸했어도 화가는 소멸하지 않았다. 화가들이 엉뚱한 질문을 시작했기 때문이다. 그런데 왜 그림이 대상을 재현해야 하냐는 질문이다. 피사체를 재현하는 것은 사진기가 할 일이다. 그림은 더 자유로워질 수 있다. 그렇다면 왜 눈은 코 위에 그려야 하는 거지? 양 눈은 왜 똑같이 생겨야 하는 거지? 혹은 왜 캔버스의 얼굴 그림은 사람 얼굴을 닮아야 하는 거지? 믿어지지 않는 필력으로 이 질문의 대답을 캔버스에 옮겨놓은 화가의 선두에 피카소가 있다.

초상화를 그리는 것은 그리는 이에게는 생존의 방편이었다. 초상화가의 질문은 수주하였느냐는 것이었다. 발주자는 자기 얼굴을 그려 달라고 물감, 캔버스와 수고비를 제공했다. 바흐가 매주 미사곡을 작곡해야 했던 이유도 다르지 않았다.

화가의 시대에 질문은 좀 바뀌었다. 팔렸느냐는 것이다. 발주자가 그림을 의뢰하는 구도에서 그린 그림을 시장에 내다 파는 구도로 바뀐 것이다. 그 시장은 채소를 파는 시장과는 수요와 공급이라는 원칙에서는 같지만 밭에서 캐 오는 것을 파는 것이 아니기에 좀 다른 메커니즘으로 작동한다.

화가의 시장에는 정기 시장도 있다. 멋있게 아트 페어라고 부르는 것이다. 상설 시장도 있다. 화랑이 바로 그것이다. 두 시장의 배경에는 미술품의 가격을 매기고 참가할 미술가를 선정할 사람도 있어야 한다. 거칠게 시장통의 단어를 동원하면 거간인데 미술계에서는 큐레이터라고 부른다. 이 큐레이터 조직을 미술관이라고 부른다.

미술관은 미술품을 전시할 물리적 공간을 지칭하면서 이 큐레이터 조직을 일컫는 이름이기도 한 것이다. 화가의 그림이 팔리기 위해서는 우선 전시되어야 한다. 그리고 그림이 전시되기 위해서는 이 큐레이터의 검열을 거쳐야 한다. 미술관은 초상화가의 시대에 접해보지 못한 새로운 조직이다. 사람이 모인 조직체들을 두루뭉술하게 부르는 이름은 기관institute이다.

건축으로서의 기관은 이름 뒤에 관, 청, 소, 당과 같은 접미사를 달고 있다. 미술관과 음악당도 그런 예다. 그런데 이 기관으로서의 미술관이 사람으로 치면 눈, 코, 입과 같은 공간 배치를 갖고 있다. 일단 건물 외부에 큼지막한 입구가 보인다. 거기에는 비를 피할 수 있는 캐노피가 설치되어 있다. 현관을 들어서면 로비가 있고 원하는 층에 가려면 엘리베이터를 타야 한다. 엘리베이터에서 내리면 복도를 걸어 우리들이 가야 할 방에 이른다. 그 방에서 옆방으로 가려면 또 복도를 지나야 한다. 또 그 옆으로 가려면 다시 로비로 나와 복도를 거쳐야 다른 방에 이른다. 이 나무 구조가 근대적인 기관의 공간 조직이다. 복도는 근대적 공간의 상징이고 가장 중요한 발명품이다.

초상화가가 아닌 화가의 질문은 건축가에게도 동일하게 적용된다. 나무 구조의 공간 조직은 우리에게 가장 보편적인 얼개일 뿐이다. 그렇다면 이 구조는 모든 건물이 따라야 할 단 하나의 위대한 강령인가. 방과 방의 조직은 왜 그런 방식으로 존재해야 하는가. 눈 옆에 코를 그리는 화가처럼 방 옆에 복도 없이 연결되는 다른 방을 배치하면 어떻게 될까. 이렇게 따져 묻는 건축가의 질문이 공간으로 번역된 것이 바로 서울대학교 미술관이다.

건축가의 첫 질문은 건물 내부로 들어가는 방식에서부터

불시착한 듯한 건물 모습은 내부의 공간 조직 때문에 생겨난 결과물이다. 하얗게 보이는 구조체는 성수대교에서 보는 것과 논리가 같다.

시작한다. 우리에게는 캐노피가 달린 입구가 자연스럽다. 눈, 코, 입이 거기 있는 것처럼. 건축가는 이 방식이 하품 나오는 초상화 시대의 얼개라고 규정했다. 그 얼개를 따른다면 건축가가 해야 할 일은 적당히 비례를 맞춰 예쁜 얼굴을 그리는 수준에 지나지 않을 것이다. 이 건물에서 건축가는 입구의 위치부터 엉뚱한 곳에 배치했다. 눈, 코, 입을 재배치할 단초를 장만한 것이다. 그 입구는 상자 모양의 건물이 외부와 만나는 곳이 아니고 상자의 한복판이었다.

입구를 건물의 한가운데 밀어 넣기 위해서 해야 할 일은 만만치 않았다. 우선 건물을 통째로 위로 들어 올려야 했다. 그러나 건물은 종이로 만든 모형과 다른 것이니 이렇게 번쩍 들어 올리기 위해서는 엄청난 엔지니어링이 필요했다. 건축가는 이를 관철했다. 정문으로만 출입해야 했던 캠퍼스에 이 들어 올린 부분으로 통하는 샛길이 장만된 것은 덤이었다.

오른쪽) 나란히 정렬되어 있는 것은 미술
이 아니라고 공간이 이야기하는 듯하다.

중력 입장에서 보면 들어 올린 대상이 교량이건 건물이건
다를 바가 없다. 중요한 것은 그 무게가 얼마나 되느냐는 것이
다. 그래서 이 건물에는 교량을 만들 때 사용하는 구조 형식이
적용되었다. 바로 몇 개 층 높이의 철골조 트러스를 동원한 것
이다. 외부 재료를 고민하던 건축가는 이 트러스를 밖으로 표
현하기로 결정한다. 반투명한 유리를 외부 재료로 선택한 것이
다. 건물의 외관은 흰 트러스가 어떤 방식으로 조직되어 있는
지를 명료하게 표현하게 되었다. 그 모습은 각 부재가 어떻게
하중을 지탱하고 있는지를 시각적으로 설명해준다.

내부 공간의 조직을 설명하는 질문은 딱 하나다. 이렇게
하면 왜 안 되는지. 우리가 익숙하게 알고 있는 공간 조직이 바
로 인습이라는 단어로 지칭되는 그런 것은 아닌지. 미술관의
하얀 벽은 이제 비엔날레에서는 잘 만나기도 어려운 지난 시기
의 회화를 상정하고 있는 것은 아닌지.

미술관에 들어서면 우리 눈앞에 보이는 것은 미술관에서
익숙한 대리석이 아니라 공장에서 쓰던 플라스틱이다. 차례로
선보이는 다른 재료들은 알루미늄, 합판, 콘크리트와 같은 것들
이니 이곳이 분명 일상적인 미술관은 아니다. 물감이 그 그림의

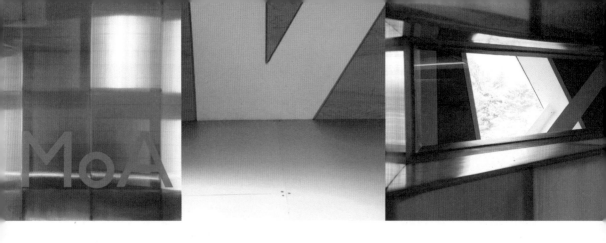

가치를 규정하는 것이 아니라면 이 미술관에 대리석을 사용하지 않았다고 그 가치가 훼손되겠느냐고 건축가는 묻고 있다.

전시실에서 옆 전시실로 가려면 복도가 아니고 이름을 붙일 수 없는 공간을 지나게 된다. 강당 복판에는 경사로가 지나가고 있으니 이 공간은 강당인지 복도인지 정확히 규명하기 어렵다. 강당의 모서리를 지나가다 보면 불현듯 새로운 전시장이 모습을 드러낸다. 전시장 내부에는 밖에서 봤던 트러스가 여기저기 노출되어 있으니 그림을 걸라는 것인지 말라는 것인지 알 수 없다.

이 모든 공간 조직의 배경에 깔려 있는 건축가의 질문은 하나다. 우리는 인습적인 사고의 틀에 스스로를 가두고 있는 것은 아닌가. 화가가 눈, 코, 입의 배치에서 자유로워졌다면 건축가는 로비, 복도의 배치에서 자유로운 존재일 수는 없는가. 그 자유로움이 없다면 건축의 미래는 무엇인가.

이 근본적 질문의 가치는 어디에나 적용할 수 있다는 데 있다. 바로 우리의 일상에도 적용할 수 있다. 우리에게 가장 익숙한 주거, 아파트는 기관화된 주택이다. 그 공간 배치는 로비, 엘리베이터, 복도, 현관이라는 나무 구조의 공간 조직을 충실

강의실 복판으로 길이 나 있다. 벽의 하
안 부재들은 모두 힘을 받는 구조체이다.

히 따른다. 그러나 100년 전 우리의 주거는 판이하게 다른 공
간 조직을 갖고 있었다. 현관은 아예 존재하지도 않았다. 댓돌
을 오르면 대청에 이르되 그 대청은 복도 없이 바로 방으로 연
결되었다. 방 앞에는 툇마루가 있으니 그 툇마루는 바로 다시
마당과 연결되었다. 우리의 전통 공간은 나무 구조와는 전혀
다른 조직을 갖고 있었다.

　　이 미술관은 우리에게 익숙한 것이 과연 당연한지를 물어
스스로를 깨우치게 한다. 공간의 조직을 통해 우리에게 질문을
던진다. 왜 그래야 하는데? 혹은 왜 안 되는데?

　　그 질문에 대한 적극적인 답변을 지칭하는 단어가 창조
다. 그 두 글자가 빠지면 미술의 가치는 공허해진다. 예술의 가

치는 새로운 세상을 보여주는 것이다. 이 미술관의 가치는 그곳에 무슨 미술품이 어떻게 전시될 수 있는지에 따라 규정되는 것이 아니다. 미술가들을 찌르고 흔들면서 자극하는 데 있는 것이다. 그리고 그 도발은 우리 모두를 향한 것이기도 하다.

역시 뭐라고 규정하기 어려운 공간. 천장의 곡선은 커튼을 위한 것이니 시각적 분할이 필요하면 적당히 쓰라고 이야기하고 있다.

ECC Ewha Culture Complex
– 헝클어진 실타래를 푸는 방법

대학의 주인은 누구인가. 이 질문에는 만족스런 답이 없다. 이
유는 질문이 잘못되었기 때문이다. 대학은 주인 개념이 적용되
지 않는 곳이다. 그것이 정상이다. 학생, 교수, 총장, 이사장이
모두 적당히 모여 있는 집단일 뿐이다. 지적인 자유를 위해 사
람들이 모인 조합이 대학이다. 그래서 대학은 두서도 질서도
없는 것이 정상이다. 자유로운 영혼들이 모여 더 큰 자유를 얻
어야 하는 곳이기 때문이다.

그 자유는 종잡을 수 없는 미래를 의미하곤 한다. 그리고
그 모습은 당연히 공간적으로도 표현된다. 오래된 대학은 애초
에 마스터플랜이라는 것도 없이 현재에 이르는 경우가 허다하
다. 있다 해도 애초의 마스터플랜은 선반 위 어딘가에 방치되
어 있고 캠퍼스는 필요에 따라 건물이 뿌려지는 현장으로 돌
변하곤 한다. 이러한 상태를 지칭하는 적절한 단어가 난개발이

다. 그 부산물을 표현하는 단어는 비능률과 혼돈이다.

　그러나 도서관의 책이 늘어가기만 하는 것처럼 대학에서 해야 할 공부는 많아지고 학생들이 모여야 할 구실도 늘어간다. 공간 수요의 아우성이 비등점에 이르면 바늘 꽂을 곳도 남아 있지 않다던 캠퍼스 지도를 자꾸 들여다보게 된다. 결국 캠퍼스의 어느 구석에는 새 건물이 비집고 들어선다. 캠퍼스라는 실타래는 점점 더 헝클어져가는 것이다. 그러나 그 난개발이 이어지다 보면 더 이상 참지 못하고 크게 정리를 해야 할 결단의 순간이 오기도 한다. 바로 이화여대가 그 지점에 이르렀다.

　넓고도 적당한 가격의 대지를 찾기는 어디서나 어려운데 대학 캠퍼스는 딱 이런 조건을 요구하고 있다. 결국 대개의 대학 캠퍼스는 산 밑에 자리를 잡게 된다. 산기슭의 캠퍼스는 태생의 문제를 하나씩 안게 된다. 절대 평면을 요구하는 운동장을 둘 위치가 적당하지 않은 것이다. 가장 완만한 곳은 대지와 캠퍼스가 만나는 지점이다. 결국 별로 쓰지도 않는 운동장이 정문 근처에 자리를 잡는 것이다.

　이화여대에도 바로 그런 운동장이 있었다. 용도라고 해봐야 인터넷이 없던 시절에 합격생 명단을 붙이거나 축제 때 천막을 치는 정도였다. 덕분에 가장 혜택을 받는 이들은 조기 축구회 아저씨들이었으니 거기 이화여대 학생들은 끼어 있지도 않았다. 그중 누군가의 아내가 그 학교 졸업생일 수는 있었다.

　이화여대는 이 운동장을 개발하기로 결정했다. 그 결정은 필요한 강의실을 허겁지겁 확보하기 위한 것이 아니었다. 이화여대가 사회에 존재해야 하는 이유를 다시 설정하는 데서 논의가 시작되었다. 남녀 모두 머리를 길게 기르고 다니던 시대에는 여자도 남자처럼 고등 교육을 받아야 한다는 것이 그 교육 기관이 필요한 이유였다. 그러나 세상이 바뀌었다. 이제는 세상을 바꿀 여성 리더의 양성이 이 교육 기관의 존재 가치이며 의미로 제시되었다.

리더는 하늘의 계시로 추대되지 않는다. 집단의 구성원이면서 그 집단의 의제를 설정하고 해결 방안을 제시하면서 드러나는 것이다. 그래서 이화여대는 여자 대학이지만 남자에게 배타적일 필요가 없고 캠퍼스지만 성곽일 필요가 없었다. 쌍쌍파티 외에는 금남의 공간이라는 가치도 던져버린 지 오래였다. 도시에 열린 캠퍼스가 건축적 비전이 되었다.

이미 좁은 캠퍼스니 새로운 건물은 지하로 들어가야 했다. 그 지하에는 학교 전체를 아우르는 주차장이 포함되었다. 캠퍼스 중심부를 보행자 공간으로 만들어야 한다는 원칙에 따른 것이었다. 필요한 공간의 성격과 방이 시시콜콜하게 정리된 것은 당연했다.

복잡한 문제를 맞은 건축가의 제안은 명쾌했다. 실타래를 하나하나 풀어나간 것이 아니고 단칼에 잘라낸 것이다. 그 칼은 땅을 잘라내고 그 틈을 진입 공간으로 만들어냈다. 분명 지하 공간이기는 한데 그 단면이 외부에 노출되어 있으니 네 면이 묻힌 지하 공간과는 전혀 다른 것이 되었다. 이 건물은 지상과 지하, 건물과 조경, 각 층의 구분이 모호하다.

그러나 건축가가 휘두른 칼은 자다 말고 벌떡 일어나 휘
두른 청룡언월도가 아니었다. 잘라낸 땅이 향하는 방향과 깊
이, 폭이 면밀하게 계산된 칼이었다. 필요한 공간의 크기가 거
대한 만큼 파야할 땅도 깊고 협곡도 커질 수밖에 없다. 건축가
에게 가장 중요한 판단은 잘라낸 땅, 그 협곡의 방향이었다. 협
곡의 출발점은 당연히 교문 쪽에 위치한다. 그러나 교문에 들
어서는 모든 이가 이 건물을 이용하는 것은 아니다. 건축가는
교문에서 바로 협곡 전체를 보여주지 않는다. 협곡은 그 존재
만 살짝 보일 뿐이고 이 건물에 들어설 필요가 없는 사람은 그
냥 앞으로 걸어가면 된다.

협곡의 반대쪽 끝 단은 파이퍼홀에 맞춰져 있다. 1935년
에 준공되었고 건축적 이력이 과연 만만치 않은 등록문화재다.
우아한 인물 사진을 얻으려면 카메라를 마주 보지 말고 비스듬
히 앉으라는 것이 사진가의 조언이다. 파이퍼홀이 이 협곡의 복
판 끝 단에서 우아하게 모습을 잡고 있는 구도가 마련되었다.

왼쪽) 수직선을 이루는 부재들은 모두
구조재이다.

오른쪽) 기능에 의해 규정된 내부. 천장의
스프링클러도 구조체를 따라가고 있다.

큰 칼을 휘두른 후에는 작은 칼로 곳곳을 저미고 추슬러
야 한다. 건축가는 땅을 잘라내서 생긴 단면에 이런저런 화장
을 하지 않았다. 협곡의 단면으로 보이는 것은 오직 수직선들
이다. 단면의 외부에 얇게 붙여진 수직부재는 유리를 끼울 창
틀도 아니고 햇빛을 막을 가림막도 아니다. 이들은 놀랍게도
모두 하중을 지탱하는 기둥이다. 맨 위의 바닥 슬래브가 이 얇
은 스테인리스 철판에 무게를 걸고 있다. 구분이 모호한 건물
답게 외벽의 창틀과 기둥의 구분도 모호해진 것이다.

협곡이 깊으니 이 기둥의 길이도 길어져야 한다. 그러나
그 길이는 공장에서 여기까지 부재를 실어 나를 트럭의 적재함
크기가 제한한다. 그래서 공장에서 잘라 온 것을 현장에서 이
어 붙어야 한다. 건축가는 이어 붙이는 볼트의 위치를 전부 다
르게 했다. 그러자 건물에 불규칙한 리듬감이 생겼다. 어디가
적당한 위치인지는 논리적으로 설명할 수도 설명할 필요도 없
다. 적당해 보이는 위치를 찾으면 된다. 때로는 우리의 직관과
시각에 대한 신뢰가 필요해진다.

그 볼트의 위치처럼 창틀의 수평선도 다양하게 자리를 잡
았다. 기둥이 창틀만큼 얇아지면 당연히 버클링의 문제가 생

긴다. 결국 기둥에는 창틀의 수평부재와 같은 위치에 버클링을 막아줄 부재를 덧붙이게 되었다. 건물의 단면이자 입면인 외관은 구조적 논리에 입각하여 정돈된 수직선과 시각적 감각에 근거한 자유로운 수평선이 교직되어 있는 것이다.

작곡가는 주제를 제시하고 이를 변주해나간다. 그 변주의 일관되고 다양한 맛을 음미하지 못한다면 맛있는 음식을 먹고 그냥 맛있더라고 한마디 내뱉는 것과 크게 다를 바가 없다. 이 건물에서도 건축가가 제시한 수직으로 긴 직사각형의 변주를 음미해봐야 한다.

이 건축가는 바닥에 돌을 깔면서도 그 패턴을 유지한다. 협곡 양쪽의 스테인리스 철판 기둥을 연결하는 바닥 선은 단절이 없는 직선이다. 그러나 그 사이의 선은 유리 면의 모습을 고스란히 반복한다. 이는 교문 쪽 입구의 경사로에서 시작하여 파이퍼홀로 이어지는 계단까지 집요하게 변주 반복된다. 유리창 너머로 보이는 내부에는 난간이 기둥의 수직선을 변주하고 있음을 발견할 수 있다.

대학은 건물을 학대하면서 사용하는 조직이다. 어제의 강의실이 오늘의 교수 연구실이고 내일의 행정실이니 빈번하게

왼쪽) 창과 바닥의 리듬은 계단의 돌에도 보인다.

오른쪽) 수직 구조재들의 형태는 유리 너머 난간에, 창의 형태는 바닥에 깔린 돌에 변주되고 있다. 수직 구조재와 수평의 창틀을 연결하는 ㄷ자 모양의 부재는 버클링에 버티기 위한 것이다.

칸막이가 바뀐다. 건축가는 딱 필요한 기능에 맞춰 필요한 정도의 구조물만 내부에 만들어놓았다. 나머지는 학교에서 알아서 구획하며 쓰면 되는 것이다.

이제 건축가에게 남은 것은 지표면인지 옥상인지 모호한 그 부분이다. 이 부분은 캠퍼스에 얼마 남지 않은 개방적인 공간이다. 건축가는 이곳이 숲이 아니라는 점을 잊지 않았다. 그렇기에 이 건축가는 여기서 우리에게 익숙한 잘 구부러진, 자연스런 나무의 필요성을 믿지 않았다.

건물의 모든 부재가 그렇듯이 나무도 재단이 되어 제자리를 잡고 있어야 했다. 결국 건축가는 작은 나무들을 오밀조밀하게 배치해놓았다. 그 나무들의 키는 우리의 눈높이를 넘지 않는다. 그래서 우리는 소인국에서 실어와 심은 것 같은 나무들 너머로 캠퍼스를 한눈에 바라볼 수 있게 되었다. 그래서 이 거대한 건물이 사이에 끼어 있어도 정문에서 만나는 캠퍼스는 여전히 개방적인 모습을 잃지 않고 있다.

ECC가 들어섰지만 이화여대 캠퍼스는 단 한 뼘의 지표면도 잃지 않았다. 굳이 잃어버린 것이라면 쓸모가 모호하던 운동장이었다. 대신 얻은 것은 지하 여섯 개 층에 이르는 면적이다. 보행자 중심의 캠퍼스를 만들기 위해 후문에서 이곳 주차장을 바로 연결하는 터널도 뚫었다. 중요한 것은 그런 결단이다.

ECC에는 극장도 있고 식당도 있으니 외부인에게 이화여대는 여자 친구가 아니라 영화를 보러 가야 하는 곳이 되었다. 심지어는 외국인 관광객이 사진을 찍기 위해 들러야 하는 곳

이 되었다. 그렇게 얻게 된 가치가 얼마냐고 굳이 환산해보자고 나설 필요는 없다. 그러나 그 처음이 어디였는지 짚어보는 것은 중요하다. 그 처음에는 새로운 세상에서 새로운 존재의 가치를 스스로에게 부여한 대학 구성원들이 있다. 그들이 바로 이 대학의 리더고 주인이다. 가치를 스스로 부여하는 능력을 지칭하는 단어가 자유다. 대학은 그래서 존재한다.

정문에서 엿보이는 ECC. 오른쪽 지표면의 나무들은 모두 키 높이를 넘지 않게 맞춰져 있다.

포스코센터

- 열린 회사와 그 벽들

거부와 금지는 우리 사회를 표현하는 데 가장 필요한 어휘다.
이는 고단하던 근현대사를 헤쳐온 세대가 갖게 된 피해 의식의
소산일 수도 있다. 생존만이 절체절명의 과제였던 시기가 물려
준 사회적 관성일 수도 있다. 어찌 되었건 여러 겹 빽빽하게 들
어선 배타성은 우리에게 공유보다는 독점을, 노출보다는 은폐
를, 허용보다는 금지를 더 당연하게 받아들이도록 하였다.

편집증적인 피해 의식은 이 땅의 문화를, 도시를, 건축
을 또 그리 규정해왔다. 서울의 복판 세종로에서는 사진을 찍
을 수 없던 때가 있었다. 동작이 민첩한 사람이면 골목 구석구
석의 통제를 피해 몇 장 사진을 얻을 수 있었을 것이다. 그러나
자신의 민첩함에 어지간히 자신이 있더라도 삼엄한 분위기에
서 쉽게 사진기를 꺼내 들기란 힘들었다. 그 넓은 세종로가 초
상권의 포괄적 행사로 가득 차 있었다.

세종로에 위치한 건물이 아닌 경우에도 사진 촬영이 거부되곤 했다. 사실 건물 사진을 찍다 보면 아직도 심심찮게 관리인의 제지를 받는다. 거리를 걸어 다니는 것은 자유롭게 할 수 있는 일이다. 우리에게는 거주 이전의 자유도 있고 보행의 자유도 있다. 차도를 건널 때 요구되는 최소한의 규칙만 지킨다면 두리번거리면서 걷든 앞만 보고 씩씩하게 걷든 관계가 없다. 그러나 범상치 않은 건물을 발견하고 여기 사진기를 들이밀게 되면 실랑이를 벌여야 하는 수도 있다. 관리인에게서 이런저런 험상궂은 질문을 받기도 한다. 허락을 받아야 하느니, 아예 사진을 찍을 수 없느니 하는 단호한 거부에 부딪치기도 한다. 거리에서 건물의 외부 사진을 찍는 문제도 수월치가 않으니, 내부에 들어가서 사진기를 들이대는 것은 더욱 만만치 않은 일이다.

멀리서 내려다본 포스코센터.

피사체로서의 폐쇄성은 건물 관리자에 의해서가 아니라 건물의 모습을 통해 노골적으로 표현되기도 한다. 우리의 주택가, 특히 단독 주택가는 담으로만 이루어져 있다고 보아도 틀린 말이 아니다. 거기서 우리 시선에 들어오는 것은 자신이 사는 집과 남이 만들어놓은 담밖에 없다. 그 담 너머의 인생살이는 굳게 다문 어금니 안쪽에 있다. 이 담들은 누군가 넘어와서 무언가를 집어 갈지 우려하는 실용적인 방범 의식에서 비롯한 것이라고 볼 수도 있겠다. 그러나 사실은 내가 무엇을 가지고 있는지, 무엇을 하고 있는지를 절대 보여주지 않겠다는 폐쇄성의 표현이라고 보아야 더 타당할 것이다.

자신이 없으면 보여주지 못한다. 사회와 정치가 그렇고 개인이 그렇다. 투명성은 주체의 자신감을 표현하는 잣대라고 볼 수 있다. 포스코가 얼마나 개방적이고 투명한 기업인지 눈금을 매기기는 어렵다. 어쩌면 포스코는 지독하게 폐쇄적인 기업이라고 이야기하는 이가 있을 수도 있다. 모두들 다른 관점과 기준을 가지고 있으므로 증권 투자를 하는 이들, 경영을 연구하는 이들 중에는 이처럼 이야기하는 이도 있을 것이다.

하지만 포스코는 더 개방적으로 변하겠다는 의지를 적어도 건물을 통해서만큼은 표현하고 있다. 포스코가 지닌 추상적 아이디어로서의 투명함을 건축가는 포스코센터를 통하여 물리적 투명함으로 치환하여 표현해놓은 것이다. 기업이 소유한 건물이 물리적으로 투명하다고 해서 기업이 투명한 경영을 하고 있다고 단정 지을 수는 없다. 그러나 아이디어가 투명하지 않은 상태에서 실체가 투명해질 수는 없다. 그 투명한 실체를 돌아보자.

건물을 보니

건물을 구경하겠다고 사람들이 열심히 근무하는 사무실 안까지 들여다보면서 폐를 끼칠 필요는 없다. 건축가의 아이디어는 로비에 가장 뚜렷이 표현되어 있고 이를 둘러보는 것으로도 충분히 그가 하고 싶던 이야기를 들을 수 있다. 포스코센터에서는 누구나 눈치를 보지 않고 로비를 오갈 수 있다. 마음대로 사진을 찍을 수도 있다. 안내하는 이는 있어도 제지하는 이는 없다. 마음의 여유를 가지고 천천히 돌아보아도 된다.

건축 재료로 투명한 것은 유리밖에 없다. 건축가가 여기서 유리를 주된 재료로 고른 것은 당연한 선택이었다. 그러나 유리를 사용하였다고 반드시 건물이 투명해지지는 않는다. 같은 유리를 사용해도 건물을 더 투명하게 만드는 방법이 있을 것이다. 벽돌을 쌓아도 더 쌓은 것처럼 보이는 방법이 있는 것과 같다. 더 투명한 공간을 만들겠다는 건축가의 집요한 의지로 건물은 더 투명해질 수 있다.

포스코센터 로비에는 창이 없다. 벽이 모두 유리이기 때문이다. 천장도 유리다. 벽을 가장 투명하고 말끔하게 만드는 방법은 그 벽만 한 유리를 사용하는 것이다. 그러나 아쉽게도 그리 큰 유리판은 없다. 작은 유리판을 이어 붙여 벽을 만들어야 한다. 우리가 주위에서 보는 일반적인 방법은 격자 모양으로 창틀을 짜고 여기 유리를 끼워 넣는 것이다. 이에 따라 대개의 유리 벽은 10센티미터가 조금 안 되는 폭의 띠를 두른 격자로 구성되어 있다. 이런 창틀에 끼운 유리는 칸살이 굵은 멀티비전의 화면을 보는 것처럼 답답하다. 건축가는 이 굵은 띠, 즉

왼쪽) 로비에서 밖을 내다볼 때 느껴지
는 유리의 투명함.

오른쪽) 인장력을 받는 부재로 조합된 창.

창틀이 없다면 벽이 더 투명해질 거라고 생각했을 것이다. 더
시원한 멀티비전 화면을 만들 수 있으리라고 생각했을 것이다.

창틀을 없애기 위한 고민이 시작되었다. 기존 창틀의 구
조적 원리는 강의 다리와 다를 바가 없다. 유리 자체의 무게는
창틀에 전달되면서 벤딩모멘트를 만든다. 유리 벽에 바람이 불
면 유리에 가해지는 풍압도 창틀에 벤딩모멘트로 작용한다. 건
축가는 구조체의 형상을 바꾸어 인장력을 통해 풍압을 견디는
아이디어를 생각해냈다. 사장교는 케이블의 인장력을 이용하
여 만든 것으로 벤딩모멘트를 이용한 다리들보다 더 날씬하다
는 점을 비교하여 생각하면 된다. 우선 건축가는 벽체 뒤에 쇠
파이프로 구조물을 세우고 유리를 모두 여기 매달았다. 이에
따라 철봉에 매달린 우리의 관절이 인장력을 받듯이 유리 자체
도 인장력을 받는다. 그리고 풍압은 창틀이 아니라 유리 면의
모서리에 붙은 지지점에 연결된 와이어로 지탱한다.

이렇게 하여 일반적인 창틀은 모두 사라지고 대신 작은

왼쪽) 유리로 된 출입구 방풍실.

오른쪽) 유리로 된 엘리베이터.

지지점과 가는 와이어만으로 구성된 유리 벽이 완성되었다. 벽은 그만큼 더 투명해진 것이다. 투명하게 만들겠다는 의지를 표현함으로써 그 벽은 커다란 유리판 하나로 만들어진 벽보다 오히려 더 투명해졌다. 유리판들은 와이어가 아닌 그 의지에 의해 팽팽히 지탱되고 있다.

공간을 투명하게 만들겠다는 아이디어는 곳곳에서 드러난다. 입구도 유리로 만들었다. 엘리베이터도 천장도 모두 유리다. 유리로 만들 수 없을 것 같던 것들도 모두 처음부터 다시 생각하였고 끝내 유리로 만들었다.

두꺼운 것보다는 얇은 것이 더 투명함에 가깝다. 건축가는 유리를 쓸 수 없는 부재는 분석하여 이를 인장력이라는 틀로 재조합함으로써 집요하게 투명성의 아이디어를 새겨나갔다. 로비 벽체에 붙은 계단에도 유리 벽에 사용된 개념이 고스란히 들어 있음을 볼 수 있다. 우선 각 부분의 부재는 모두 분석되었고 인장력을 받도록 결합되었다. 그리고 그 재료로는 거

왼쪽) 극도로 가는 부재로 조합되어 그
너머까지 훤히 보이는 계단.

오른쪽) 투명함으로 충만한 공간.

울처럼 반짝이는 스테인리스 스틸이 선택되었다. 아마 반짝이
는 재료가 그렇지 않은 것보다 더 투명함에 가깝다고 건축가는
생각하였을 것이다. 이 계단은 금속공예 작품처럼 우아하다.
무대에 선 발레리나처럼 발끝으로 가볍게 서 있다. 그 가벼움
을 버티기 위해 발레리나의 다리에 팽팽한 긴장을 유지하여야
하듯 이 계단은 인장력으로 꽉 조여져 있다.

　칸살이 얇게 줄어 시원해진 멀티비전은 이제 재미있는 프
로그램을 보여주어야 한다. 내용이 없는 형식은 공허하다. 투
명함 너머에는 무엇이 있을까? 건물이 투명하다는 사실만으로
는 내용이 들어 있다고 이야기할 수 없다. 건축가는 이 투명한
공간을 움직임으로 채워 넣었다. 이 공간은 물론 시장이 아니

다. 그러나 투명함 너머의 공간이 침묵과 적막이라면 투명함의 의미는 줄어들 것이다. 건축가는 움직임의 노출을 통하여 투명함을 가치 있게 만들고 있다. 엘리베이터, 분수, 비디오 그리고 사람 들은 모두 이 공간을 움직임과 소리로 충만하게 만드는 주인공이다.

투명함이라는 가치는 대단히 추상적이다. 투명함은 곧 비어 있음, 초월성을 전제로 하므로 구체적인 재료를 다루어야 하는 건축에서는 좀처럼 이뤄내기 어려운 가치다. 기술적인 한계가 첩첩이 그 앞을 가로막고 있어서 그렇다. 건축의 역사를 진보의 틀로 해석한다면 그것은 투명함을 향한 기술 발전의 역사라고 할 수도 있다. 벽돌이 아치로 존재의 꽃을 피우기 시작한 것처럼 건축 공간도 이제 투명함이라는 꽃을 피우기 시작했다.

장구한 그 역사에도 불구하고 건축가들이 만족할 만큼의 투명함이 구현된 건물을 만들게 된 것은 그리 오랜 일이 아니다. 건축가의 아이디어와 함께 재료와 구조 기술이라는 생산력의 발전이 이제야 제대로 큰 고개를 넘기에 이른 것이다. 포스코센터는 투명성이라는 회사의 가치가 건축을 통하여 표현된 훌륭한 예다. 기술의 진보를 통해 1990년대의 건축을 이야기하는 시대정신이다.

플라토

- 주연만큼 빛나는 조연

일체의 희망을 버려라.

단테의 이 문학적 수사는 로댕 이전에는 그냥 문학 작품 속에 묻힌 문장의 하나였다. 그러나 로댕의 조각을 통해 이 글은 고뇌로 가득한 육중한 몸체를 드러냈다.

다시 건축과 조각의 문제. 서양의 고전 건축에서 조각은 건축의 부속품이었다. 조각과 건축의 구분은 사실 뚜렷하지도 않았다. 건물의 벽면은 조각 작품이 장식했다. 미켈란젤로는 회화와 조각의 천재였던 만큼 건축의 천재로 알려져 있기도 하다.

건축과 조각이 나뉘면서 건축가와 조각가의 직업도 분화하였다. 조각은 건물 안에 들여놓고, 건물 앞에 세워놓는 미술품이 되었다. 그래서 건물을 일단 세우고 그 안, 혹은 그 앞의 적당한 위치에 조각품을 선정해서 놓는 것은 미술관을 짓는 일반적인 순서다.

그러나 플라토는 달랐다. 미켈란젤로만큼 중요한 조각가, 로댕의 조각 두 점이 우선 선정되었다. 〈칼레의 시민〉과 〈지옥의 문〉. 그 두 점은 로댕의 작품 목록 중에서도 정상에 서 있는 것이었다. 진정 누구나 소유할 수 있는 것이 아니다. 형틀을 소유하고 있는 프랑스의 로댕미술관에서는 열두 번까지만 주조한다는 원칙을 갖고 있기 때문이다. 서울의 플라토에 소장될 〈칼레의 시민〉은 열두 번째 것이므로 이것은 마지막 주조가 될 것이었다.

플라토는 세계의 여덟 번째 로댕 전문 갤러리가 되는 상황이었다. 〈칼레의 시민〉이 없는 로댕갤러리는 무의미할 것이므로 이제 플라토는 마지막으로 세워지는 로댕갤러리로 기록될 것이었다.

두 걸작은 기업이 사들였다. 기업의 존재 이유는 이윤 창

왼쪽) 복잡한 태평로 변에서 독특한 자유 곡선의 벽체로 선 플라토.

오른쪽) 두 개의 곡면이 교차하는 지점에 입구가 있다.

출에 있지만 그 이윤을 정승처럼 쓸 수도 있다는 것을 보여주었다. 당연히 이 두 작품을 위한 건물도 필요했다. 걸작의 수준에 맞는 그런 건물이. 장소는 대한민국에서 가장 중요한 공간의 한 곳인 태평로 위로 결정되었다. 주차장으로 덮여 있던 건물 전면이 정비되고 생긴 공간은 기꺼이 미술관을 위해 할애되었다.

원래 이 두 작품은 외부 공간에 세워져야 할 것들이다. 비바람을 고스란히 맞으면서 청동 녹이 눈물처럼 흘러내려야 그 터질 것 같은 박력이 강조되는 그런 조각들이다. 그러나 태평로에 〈지옥의 문〉을 내놓을 수는 없었다. 환경은 너무 거칠었다. 자연적인 환경이 아니고 인위적인 환경이 너무 거칠었다. 수없이 지나가는 자동차가 내뿜는 매연은 흘러내린 청동 녹을 새카맣게 덮어나갈 것이 자명했다.

진짜 문제는 사람들, 사람 떼였다. 한국에는, 미술은 친근해야 한다고 믿는 사람들이 너무 많다. 그 친근함은 작품을 기꺼이 한번씩 어루만져줌으로 표현해야 한다고 생각하는 사람들도 많다. 괴상한 유물론을 신봉하는 사람 중에는 이것이 조각이 아니고 길에 나앉은 청동 덩어리로 생각하는 사람도 있을지 모를 일이다. 길에 있는 것이니 조용히 잘라내서 가져다 녹여 팔아도 좋은 것으로 여길 사람이 없다고는 단언할 수 없다. 이곳은 한국이기 때문이다.

로댕을 담을 건물이 필요했다. 건축가가 직면한 문제는 모순된 것들이었다. 로댕을 담을 수 있을 만큼 훌륭한 수준의 건물을 만들어야 했다. 그러나 로댕과 싸우겠다고 나서도 안 된다. 이 건물은 로댕을 담는 그릇이고 로댕을 보여주는 배경이 되어야 한다. 그러나 무심해서도 안 되고, 무신경해서도 안 된다. 거듭, 필요한 것은 로댕의 수준에 맞는 건물이기 때문이다.

필요한 것은 실내 공간이다. 그러나 원래 로댕의 조각이 있어야 하는 공간처럼 실외 분위기가 나는 실내 공간이어야 한다. 그렇다고 혼란스런 외부의 모습을 실내로 모두 끌고 들어와 미주알고주알 이야기해서도 안 된다. 이곳은 로댕의 등장인물들의 손끝과 발끝의 디테일이 어떻게 전체적인 우악스런 힘을 만들어내는지를 정교하게 감상하는 미술관이기 때문이다. 어려운 조건이었다.

손끝 하나의 모습도 놓칠 수 없는 것이 로댕의 조각. 이 건물의 배경이 되는 유리 벽은 그 모습을 생생히 살려 보여 준다.

건축가는 유리를 선택했다. 맑은 유리가 아니고 반투명한 유리, 즉 젖빛 유리였다. 이 유리는 유리인 만큼 빛은 통과시킨다. 그러나 유리임에도 경치는 통과시키지 않는다. 건축가는 이 유리로 벽을 만들었다. 그리고 이 유리 벽으로만 이루어진 건물을 만들었다. 건물의 내부는 실외 공간처럼 환해졌다. 벽면에 스며드는 외부의 빛과 그림자에 의해 외부 공간의 상황은 실내에 부드럽게 전해진다.

건축가는 이 벽이 로댕의 배경임

입구로 들어서면 우선 〈칼레의 시민〉이
보인다.

을 잊지 않았다. 유리를 끼우는 방식도 가장 추상적인, 혹은 가
장 무성격한 방식을 선택했다. 선형의 창틀 대신 모서리의 핀으
로 유리를 고정한 것이다. 일정한 간격으로 점을 박아 심심한
벽을 만들었다.

　건축가는 이 벽을 휘어서 공간을 만들었다. 모서리가 없
는 미술관이 만들어진 것이다. 모서리가 생기는 각진 벽면은
분명 벽을 모서리와 벽면으로 구분한다. 건축가는 이런 구분도
없는 완벽한 배경 벽을 만들고 싶어했을 것이다. 모서리가 만
드는 선도 보이지 않는 그런 밋밋한 벽면이 이제 로댕의 뒤에
배경으로 들어서게 된 것이다.

　건축가가 고민해야 할 다음 문제는 얼마나 굽은 벽을 어
떻게 배치하는가 였다. 건축가는 〈칼레의 시민〉과 〈지옥의 문〉
이 갖는 서로 다른 공간적 요구 조건을 파악했다. 〈칼레의 시

민〉은 여섯 명의 사람이 방향을 가지고 움직여나간다. 패전한
도시의 생존을 위해 적장 앞에 스스로 목숨을 내건 여섯 사람.
그들은 그 죽음의 목적지를 향해 천천히 발걸음을 끌고 있는
것이다.

그러나 〈지옥의 문〉은 좌우 대칭이다. 두 짝으로 이루어진
이 거대한 문은 굳건한 중심축을 형성한다. 한번 닫히면 이승
의 어떤 힘으로도 다시는 열리지 않을 듯한 무게감이 거기 표
현되어 있다. 타오르는 불길 같은 군상 앞에서 망자의 회한과
번민은 무력하게 압도되는 것이다.

건축가는 서로 다른 모양으로 굽은 두 개의 벽을 선택했
다. 그리고 두 벽이 겹쳐지는 틈을 이용해 입구를 만들었다. 그
입구로 들어서면 왼쪽으로 움직여나가는 〈칼레의 시민〉이 보
인다. 입구의 왼쪽에서부터 말려들어가는 벽면은 〈칼레의 시

〈칼레의 시민〉 주위를 돌아보면 〈지옥
의 문〉 쪽으로 움직이게 된다.

육중한 문의 무게는 빛이 비치면 훨씬
부각된다. 직사광선이 이 부분에만 들어
오는 것은 우연이 아니다.

민〉 뒤쪽으로 이어지면서 관람객의 걸음을 우
선 자연스럽게 그쪽으로 이끌어준다. 그 벽은
방향성은 있으나 앞뒤는 없는 조각 주위를 한
바퀴 돌아보라고 넌지시 이야기한다. 그러면서
청동으로 표현된 고뇌의 몸부림을 샅샅이 들여
다보라고 권유한다.

〈칼레의 시민〉이 움직이는 방향의 뒤에
〈지옥의 문〉이 있다. 좌우 대칭이면서 앞부분만
있는 이 문의 뒷면에는 일단 석회암의 벽체가
붙어 있다. 이 조각에는 뒷면이 없음을 보여준
다. 그리고 그 뒤에는 굽어 있으되 좌우 대칭의
공간을 형성하는 유리 벽이 〈지옥의 문〉을 감싸
고 있다. 건축가는 〈지옥의 문〉은 그 주위를 한
바퀴 돌아보는 그런 조각이 아니라고 이야기한
다. 그 앞에는 걸터앉을 구조물을 마련해놓았
다. 역시 큼직한 석회암을 잘라 만든 벤치를 통
해 건축가는 이 작품이 묵상을 통해 음미해야
할 대상이라고 강조하는 것이다.

플라토에는 몇 가지 양념이 있다. 〈칼레의
시민〉 위에는 별도의 유리판이 천장처럼 설치
되어 있다. 〈칼레의 시민〉이 놓인 자리를 강조
하는 건축적 장치다. 유리 벽의 몇 부분에는 젖
빛 유리가 아닌 투명한 유리가 설치되어 있다.

이것은 이 독특한 건물의 내부에 로댕의 조각이 담겨 있음을 무심히 지나가는 시민들에게 이야기하는 장치다.

이 건물의 외관은 자와 컴퍼스를 머릿속에 가지고 판단하면 대단히 비논리적인 모습이다. 상자형 건물들로 가득 찬 태평로에서 혼자 자유 곡선으로 이루어진 독특한 모습을 하고 있다. 그러나 그것은 건물이 담아야 하는 조각의 가치와 의미에 의해 도출된 형태다. 그 결과물로서의 건물은 담아야 할 조각을 위해서는 기꺼이 배경으로 남지만 도시 위에서는 자신이 범상치 않은 주인공임을 과시한다.

이 미술관은 항상 로댕을 전시하는 데 머물지는 않는다. 기획전도 열리고 음악회도 개최된다. 늦은 저녁 건물 내부의 조명이 젖빛 유리 벽을 타고 외부로 흘러나오면 이 건물은 태평로 위의 보석으로 빛난다. 그래서 플라토는 로댕을 위한 배경이지만 그 자체가 훌륭한 예술 작품이다.

이 아름다움은 기업이 지닌 문화적 자부심에 의해 시작된 것이다. 기업의 문화적 책임 의식은 바로 그 기업의 대외 이미지로 연결된다. 정승처럼 쓰는 기업이 정승처럼 벌기도 할 것이라는 사회적 이미지를 심어주는 것이다. 문화적인 투자가 밑 빠진 독에 부어 넣는 물이 아니고, 말로만 이야기하는 기업 광고보다 더 설득력 있는 홍보 전략이라는 증거가 된다. 그것이 얄팍한 상업 전략이라고, 심화되는 자본주의의 현상이라고 굳이 흠잡으러 나설 필요는 없다. 건강한 도시 환경을 위해서 자본과 문화가 공존하는 길이 분명 있음을 이 건물은 보여준다.

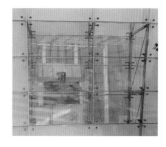

몇 장의 유리는 적당히 투명해지며 길에서 건물 내부를 보여준다.

쌈지길

- 길을 묻는다면

인사동은 쌈지길에서 시작한다. 도착한 위치가 안국역이거나 종로 3가일 수는 있다. 그러나 그에 앞서 약속 장소를 설명하려면 이 쌈지길에서 시작한다. 쌈지길에서 안국동 방면으로 가다가 오른쪽 세 번째 골목으로 들어와라. 쌈지길에서 종로 3가 쪽으로 가다 보면 왼쪽으로 보이는 큰 건물을 감싸고 돌아와. 그렇다면 길도 아니고 건물도 아닌 이것은 무엇인가.

　인사동은 건축이라는 점에서 보면 골치 아픈 공간이다. 내 땅에 내 건물을 짓고 내 맘대로 임대하여 간판 걸고 장사하겠다는 게 내 의지다. 그런데 토지 대장에 이름도 없는 자들이 몰려들어 감 놓고 대추 놓으라고 시끄럽게 구는 곳이 인사동이다. 때로는 이걸 규제라고 한다. 법적 규제가 아니어도 여기저기서 떠드는 바람에 예측할 수 없는 신축 조건이 즐비하게 내걸리는 곳이기도 하다. 시장자본주의를 채택하고 있는 대한민국은 어쩌자고 이렇게 사유 재산권의 행사를 제한하는 것일까. 그 질문은 토지의 소유 문제에 관한 것이다.

토지는 자본, 노동과 함께 생산의 세 요소 중 하나다. 토지가 나머지 요소와 다른 점은 누구도 생산한 적이 없다는 것이다. 그렇다면 생산된 적이 없는 토지의 소유권은 그 정체가 무엇인가. 토지 대장에 등재된 현 소유자는 누군가로부터 소유권을 샀다. 그 전 주인은 또 누군가로부터 그 땅을 샀다. 그 주인 역시 땅을 샀다. 결국 그 고리를 계속 물고 올라가면 가장 허탈한 순간을 마주하게 된다. 바로 점거다. 누구도 생산한 적이 없는 것을 점거했으니 그것은 바로 불법 점거다. 처음은 무단 점거였으나 현재는 유상 구매로 변했다.

바로 이 불법과 합법의 교차가 토지 문제를 골치 아프게 만든다. 결국 아무도 생산한 적이 없는 토지에는 소유권이 없다고 하는 것이 옳다. 배타적 사용권, 개발권만 존재할 따름이다. 생산하지 않은 것을 넘겨줄 이가 없으니 넘겨받은 이가 소유를 주장할 수는 없다. 이것이 그 토지의 집합인 도시 공간에서 공공성이 요구되는 근거다.

도시에서 개인이 생산하지 않은 다른 가치는 또 무엇이 있을까. 그것은 도시의 역사와 경관이다. 도시를 이루는 집합적 구성원이 함께 만들어낸 것이니 사적 소유의 대상이 아니다. 따라서 그것을 임의로 훼손할 권리는 누구에게도 없다.

역사와 경관은 도시마다 그 밀도가 다르다. 서울로 치면 조선 시대부터 역사가 축적된 사대문 안과 강남이 동일한 가치를 지닐 수 없다. 역사와 경관의 밀도가 가장 높은 곳의 하나가 바로 인사동이다. 그래서 이곳에 적용되는 건축 규제는 대단히 엄격하다. 인사동하고도 그 복판에 건물을 지으려면 그 복잡한 규제를 샅샅이 만족시켜야 한다.

나중에 쌈지길로 불릴 건물이 들어설 곳의 규제 내용이 그런 것이었다. 숫자로 설명되는 건폐율, 용적률과 같은 건축법 규제는 당연했다. 인사동길에 면한 부분에는 기존에 있던 1층 짜리 상가 열두 채를 원래 용도대로 재생해야 했다. 그리고 건물 내부에는 마당을 조성해야 했다. 건물의 최고 높이는 18미터로 제한되고 외벽의 재료는 전통이라는 단어로 설명할 수 있어야 했다.

그러나 이런 복잡한 조건의 땅에 건물을 지으려는 건축주는 자선 사업가가 아니었다. 사업가가 자선 사업가와 다른 것은 건물을 지어 자본을 확대 재생산하겠다는 뚜렷한 의지를 갖고 있다는 점이다. 과연 이런 모순된, 혹은 복잡한 조건을 모두 만족시킬 수 있는 해법은 존재하는가.

건축가는 우선 인사동길에 면해서는 법적 조건에 따라 열두 채의 상가를 배치했다. 그리고 그 뒤편에 건물이 아닌 건물을 늘어놓았다. 그것은 길이 스프링처럼 연결된 경사로의 모습이었다. 그 길 옆으로 상가가 죽 배치되었다. 자연스럽게 법규가 요구하는 마당이 생겼다. 복잡한 법규 조건은 허탈할 정도로 단순한 구조물에 의해 모두 만족되었다. 그러나 진정 건축가의 역할은 다음 단계에서 필요해지는 것이다. 그것은 판

단의 문제다.

건축 법규는 경사로의 최대 경사각은 8분의 1이되 장애인을 위한 경사가은 12분의 1을 넘지 않아야 한다고 규정하고 있다. 그러나 지금 만들려는 것은 경사로가 아니고 그냥 길이다. 경사가 급하면 보행자가 피로해지고 기피하게 된다. 그러면 상가는 모두 입구에 임대 광고를 써 붙여야 한다. 장사가 안 되는 것이다. 경사가 너무 완만하면 좁은 대지에 필요한 면적과 층고를 확보할 수 없다. 두 조건 사이 어딘가에 존재하는 딱 적당한 값을 찾는 것이 전문가의 능력이다.

길은 어디로나 통하고 어디서나 연결되어야 한다. 출입구가 명확하면 관리자 입장에서는 간단할 수 있지만 이 건물은 관리를 위해 존재하는 것이 아니다. 그래서 이 건물은 그물망 같은 인사동길 어디에서나 들어설 수 있도록 설계하였다. 문자 그대로 거리에 열린 건물이 세워진 것이다.

경사로를 오르면 건물은 사라진다. 길과 그 옆의 상가만 남는다. 그 상태를 부르는 이름은 시장이다. 그 시장은 매 순간 임대인이 바뀐다. 매번 바뀌는 다양한 임대 조건을 만족시키기 위한 건축가의 의도를 확인하기 위해서는 고개를 들어 콘크리트 슬래브를 잘 봐야 한다.

다수가 사용하고 익명의 임대자가 장사를 하는 공간의 구조체로는 철근콘크리트를 따라갈 만한 것이 없다. 건축가는 기둥과 슬래브로만 이루어진 경사로를 만들었다. 중요한 것은 그 콘크리트 슬래브 아랫면에 기둥과 기둥을 연결하는 보가 없다

슬래브 아랫면이 보가 없이 평평한 것을 주목해야 한다.

는 점이다. 이 보는 슬래브가 처지지 않게 하는 중요한 역할을 하지만 그 아랫면에 설치할 벽체의 위치를 결정하는 장애물이 되기도 한다. 슬래브 바닥 면에 돌출된 부분이 없어야 벽체의 위치가 자유로워지는 것처럼 슬래브 아랫면도 돌출된 부분이 없어야 그 자유로운 벽체가 가능해진다. 그 평평한 슬래브 면이 눈에 들어오는 순간 이 건물에 담긴 건축가의 의도를 독해할 수 있다.

벽돌은 우리에게 가장 익숙한 재료면서 가장 내구성이 좋은 재료다. 그래서 인사동 건물에서 쓰이기에 그 누구도 반론을 제시할 수 없는 재료다. 그러나 벽돌은 누구나 선택할 수는 있지만 쌓는 방식은 쉽게 선택하기 어렵다. 여기서 벽돌은 네모나지만 이것으로 조합하여야 할 건물은 겉모습과 달리 비정형이다. 인사동의 대지 경계선이 비정형이기 때문이다.

건축가가 이 재료를 놓고 어떻게 고심하였는지 알기 위해

네모난 벽돌이 만곡한 벽체를 이루는 방식을 보여주고 있다. 벽이 휘어도 벽돌의 방향은 일정하게 유지하겠다는 건축가의 고집이 보인다.

서는 건물 밖으로 나와야 한다. 까마득하게 쌓아 올린 벽돌 벽을 보면 이 건물의 외곽이 어떻게 비틀리고 만곡되어 있는지 고스란히 읽을 수 있다. 쪼개지고 엇물려 쌓인 벽돌 하나하나는 이 좁고 비싼 땅에 어떻게 건물이 비집고 들어가 있는지를 선명하게 설명해준다.

건물이 완성된 후 사람들이 몰려들기 시작했다. 사람들이 하도 많이 몰려들어 입장료를 받겠다는 시도도 있었다. 밀려들던 인파만큼이나 민원이 밀려들었고 결국 해프닝으로 끝난 사연이었다. 질문은 이렇다. 건축주가 자기 돈 들여 만든 건물에 입장료를 받겠다는데 지나가는 사람들이 왜 이렇게 시끄럽게 떠들었을까.

지적해야 할 점은 건축의 공공적 가치가 시장자본주의의 가치와 항상 갈등과 모순 관계에 있을 필요는 없다는 것이다.

건물을 보니

우리는 자유로운 의지로 도시에서 생활한다. 휴일이면 가장 즐거운 곳으로 가고 싶다. 사람들이 자발성을 갖고 몰려드는 도시가 안전하고 건강하다. 사람들이 모이는 곳이 장사도 잘되고, 장사가 잘되는 도시가 아름답다. 그런 공간은 사적 소유가 허용되어 있는 지점이어도 공공의 영역이다.

쌈지길의 콘크리트 벽면에는 낙서가 빼곡하다. 그 낙서의 벽면은 길도 아니요 건물도 아닌 이 구조물을 찾은 방문객들의 방명록이다. 그것들이 축적된 결과를 우리는 역사라 부른다. 이는 도시가 얻은 역사고 그 모습은 누구도 배타적인 권리를 행사할 수 없는 도시의 경관이다. 그것은 사적 소유의 대상이 아니다.

지금 대한민국에서 가장 인기 좋은 건물을 뽑자고 투표를 하면 쌈지길이 당선될 것이다. 투표용지를 아무도 발부해주지 않기에 방문객들은 스스로 투표용지를 만들었다. 주섬주섬 사인펜을 꺼내 콘크리트 벽면을 투표용지로 사용한 것이다. 그들은 투표용지에 입후보자의 이름을 적지 않고 함께 왔던 남자 친구와 여자 친구의 이름을 적어놓았다.

그들이 결국 결혼하여 아들딸 낳고 행복하게 잘 살던 어느 날 불현듯 그 투표의 순간을 회상하기도 할 것이다. 그때 그 콘크리트 벽은 그 내밀하고 가슴 벅차던 순간을 기꺼이 증언하는 목격자가 되어줄 것이다. 이 도시에서 건축이 도대체 어떤 가치가 있느냐고 묻는다면 우리는 또 기꺼이 그 순간을 이야기해줄 것이다.

누구에게는 낙서지만 또 누구에게는 절실한 소망이었던 현장이다.

부석사
- 문득 돌아봄

건축하는 이를 아무나 붙들고 한국에서 가장 훌륭한 건물이 뭐냐고 물어보라. 많은 사람들이 부석사浮石寺라고 대답할 것이다. 그리고 그렇게 대답하지 않은 사람도 옆의 누군가가 부석사라고 하는 데 굳이 반박하지는 못할 것이다. 부석사는 건축의 영원한 고전이다. 종교가 시대를 초월하듯 부석사는 현대에도 살아 있다. 단지 오래 전에 지어졌기 때문에, 거친 세파를 헤쳐 살아남았기 때문에 그런 것이 아니라 그 공간이 만들어낸 가치로 현대에 살아 있다.

큰 산이 여러 봉우리로 이루어져 있는 것처럼 부석사도 여러 건물로 이루어져 있다. 부석사 정상에 있는 무량수전無量壽殿은 그 하나만으로도 한국 건축의 최고봉이다. 그러나 여기서 무량수전을 분석하지는 않을 것이다. 봉우리 말고 산을 보자. 그 준엄한 산세가 어떤지 이야기하자.

부석사는 하루아침에 이루어지지 않았다. 창건 시기는 신라 시대지만 무량수전은 고려 시대의 건물이고 다른 건물들은 또 훨씬 후대에 지어졌다. 불이 나서 건물이 사라지면 그 주추 위에 새로 기둥을 세웠을 것이다. 대들보가 무너지면 새로 나무를 깎아 얹었을 것이다. 1300년을 이어온 그 과정은 보존과 첨삭이 날줄과 씨줄처럼 교차하는 과정이었을 것이다.

이렇듯 부석사는 세월의 도전을 받으면서 여러 사람이 집합적으로 만들어낸 절이다. 그 과정에 참여한 이들은 서로 아득한 시대의 간극을 두고 떨어져 있다. 그중 어떤 이는 아주 빼어난 눈썰미를 가지고 있었을 것이고, 또 어떤 이는 그렇지 못했을 것이다. 어쩌면 그는 대신 더 충실한 교리의 해석자였을 수도 있다. 어찌 되었건 그들은 모두 부석사를 만드는 데 자신의 능력과 지식을 쏟아 넣었다. 이 땅이 지닌 공간적인 가능성을 찾아내어 거기 생명을 불어넣은 것은 바로 그들의 마음이다. 그들의 이름은 서로 다른 세월의 저편에 묻혀 있다. 그러나 우리는 그 일관된 마음을 읽을 수 있다. 부석사는 그렇게 우리 앞에 서 있다.

절은 산에 있어야 한다는 것이 우리가 일반적으로 받아들이는 명제다. 그렇다 하더라도 부석사를 이런 첩첩산중, 봉황산 중턱에 자리 잡게 한 이유가 뭘까? 대답 없는 의상 대사의 심중을 헤아리는 일은 탐방자들의 머릿속에 내내 머물 만하다. 사람들은 저마다 나름대로의 잣대로 그 이유를 추측하려 할 것이다. 신라 시대에는 이곳의 정치적, 지리적 상황이 지금과 달

랐으리라는 추측들도 한다. 그러나 이 질문은 가슴속에 묻어두
고 부석사로 올라가자.

　이미 일주문에 이르기 전에 가득히 깔린 호박돌은 이 길이
속세의 길과는 다른 길이라는 것을 발밑으로 전해준다. 속진俗
塵을 슬슬 벗겨내라는 이야기를 하는 것이다. 일주문을 넘어서
면 사과 밭을 지난다. 무심히 놓인 돌과 나무가 있는 마당도 지
난다. 나무들이야 생로병사로 부침을 겪지만 군데군데 놓인 바
위들은 수천 년 세월을 관조하듯 차분히 놓여 있다. 우리를 한
없는 침묵의 세계로 끌어들인다. 천왕문으로 진입하기까지 우
리는 이처럼 조용히 마음을 가다듬으라는 이야기를 듣는다.

　천왕문을 지나면 우선 높다란 석축과 계단만 보인다. 문
에 들어섰건만 아직 무대의 막은 올라가지 않았다. 이 계단의
숫자가 불교 교리와 연관이 있다고 이야기하는 이들도 있다.
그럴 수도 있을 것이다. 그러나 계단 수를 하나하나 세는 것은

왼쪽) 천왕문에 이르는 길.

가운데) 천왕문을 나서면 부딪치는 계단. 계단 말고는 아무것도 보이지 않는다.

오른쪽) 계단을 올라서면 갑자기 범종각이 나타난다. 그 너머는 또 보이지 않는다.

우리의 사고를 너무 도식적으로 만든다. 여기서는 그냥 다음 공간으로 인도하는 구조물로 이해하자. 이 계단들은 걸어 올라가기에 절대로 편하게 만들어져 있지 않다. 조심해서 올라가지 않으면 고꾸라질 정도로 경사가 급하다. 계단을 올라갈 때는 오직 계단에만 신경을 써야 한다. 그러면서 계단에 새겨진 시간의 자국들을 보게 된다. 돌 모서리를 깨고 쪼아낸 장구한 세월의 힘을 읽게 된다.

첫 번째 계단을 올라서면 무대 막이 열린다. 절의 마당이 순식간에 드러난 것이다. 몇 걸음 전만 해도 우리는 석축 위에 이런 건물들이 모여 있으리라고는 짐작할 수 없었다. 그리고는 이제 어렴풋이 깨닫게 된다. 한사코 계단으로만 우리의 시선을 붙잡아두려던 이유를.

가던 길을 죽 따라가면 범종각이 있다. 범종각을 지나가려면 그 마루 아래를 통하여야 한다. 그 입구는 겨우 개구멍만

하다. 게다가 오르기 쉽지 않은 계단도 있다. 세속적인 지위 고하를 막론하고 여기서는 위세를 접어야 한다. 범종각은 우리에게 마음가짐을 겸손하게 다잡으라고 하는 것이다. 그러면서 마루 밑과 석축, 계단만 우리에게 보여준다.

　범종각을 거의 기다시피 나오면 또다시 전혀 다른 세계가 펼쳐진다. 안양문이 보이고 그 뒤로 무량수전 지붕 모서리가 보인다. 범종각 아래가 잡사를 다루는 공간이었다면 새로 올라선 곳은 그를 잊는 공간이다. 속세를 이야기하는 어떤 건물도, 공간도, 도구도 여기부터는 허용되지 않는다. 이곳부터는 걸어가는 길도 좀 다르다. 지금까지 걸어온 길은 반듯하게 뻗은 길이었다. 그러나 안양문부터는 길이 꺾여 있다. 건축가들은 "축이 꺾여 있다"고 표현한다.

　부석사 배치에서 가장 위대한 설계는 바로 여기, 축을 꺾은 데 있다. 지금까지는 특별한 건물이나 구조물이 아닌, 이들이 모여서 만드는 전체적인 공간이 주인공이었다. 우리는 계속 앞으로 걸었고 그때마다 새로운 공간이 한 장면씩 드러났다. 그러나 이제는 주인공이 어깨를 드러냈다. 무량수전의 지붕이 보이는 것이다. 만일 축을 틀어놓지 않았다면 우리는 안양문과 무량수전의 한쪽 면만을 보게 된다. 지금까지 거쳐온 건물들이 그렇듯이 그 뒤에 또 뭐가 있는지 알 수 없다. 이제 우리는 그곳이 우리가 가는 종착지라는 것을 깨닫는다. 안양安養, 즉 극락으로 들어가는 문이라는 현판이 없어도 공간은 이를 이야기해주고 있다.

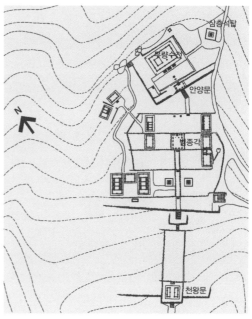

안양문 역시 마루 아래로 올라가야 한다. 범종각을 지날 때와 비슷하다. 마루 아래 석축과 계단 너머로는 석등과 무량 수전 처마 부분이 보인다. 여기서 한 가지 의문이 생긴다. 안양 문 아래 형성된 사각 틀 너머의 석등이 한가운데 있지 않고 왼 쪽으로 비껴 있는 것이다. 석등이 가운데 있지 않은 이유를 이 야기하는 이는 많다. 그러나 복잡한 설명을 떠나 절에 가서 부 처님께 절하는 순간을 떠올려보자. 불상을 한가운데 마주 보고 넙죽 엎드리면 옆에 앉은 보살님에게 눈총을 받게 된다. 옆으 로 비껴 서서 절을 해야 한다. 그러기에 대웅전에 들어갈 때도 옆문으로 들어가야 한다. 우리는 부처님이 계신 곳의 한가운데 는 막아서면 안 된다는 것을 깨닫는다. 무량수전 앞 석등도 그 런 맥락으로 짐작할 수 있다.

왼쪽) 범종각을 나서면 안양문과 무량수 전 모서리가 입체감 있게 보인다.

오른쪽) 부석사 배치도.

도면제공 | 배병선

왼쪽) 안양은 극락의 다른 이름. '안양문
루' 아래를 지나면 왼쪽으로 치우친 석
등이 보인다.

오른쪽) 석등은 세상을 밝힌다. 이 석등
은 중생들에게 오른쪽으로 가라고 일러
준다.

무량수전의 축을 비튼 것도 그런 이유가 있었으리라 짐작
할 수 있다. 아니, 무량수전은 그냥 앞을 보고 있고 다른 건물들
이 예서 비껴 서 있다고 하는 것이 옳겠다. 이제는 구구한 생각
을 하지 말고 올라가는 발길을 그냥 따르자. 석등이 왼쪽에 있
으니 우리는 오른쪽으로 움직인다.

마루 밑에서 올라서면 무량수전이 우리 눈에 가득히 들어
선다. 안양문 아래서 언뜻 보이는 지붕만으로는 짐작하기 어려
웠던 크기와 꽉 짜인 구성의 건물이 눈앞에 서 있는 것이다. 이
는 고려청자의 미의식이 가파른 내리막길을 걷기 시작한 시기
의 언저리에 만들어진 건물이다. 건축의 보수성으로 보면 양식
이 정점으로 무르익던 시기에 세워진 건물이라고 보아도 좋겠
다. 부석사 무량수전은 극치極致, 백미白眉, 정수精髓와 같은 어휘

날개를 편 무량수전. 이제 피안의 세계
로 날아갈 듯하다.

들로 칭송된다. 그리고 그 어휘들로 표현할 만한 가치가 있다.

무량수전은 여느 법당과는 다른 좀 독특한 내부 형식을
가지고 있다. 우선 화엄 사찰임에도 비로자나불毘盧遮那佛이 아
닌 아미타불阿彌陀佛을 모시고 있는 점이 주목할 만하다. 그러
나 그런 불교의 깊은 교리 문제에 방문객의 마음속이 부질없이
소란스러워질 일은 아니다. 그냥 부처님으로 알고 마음을 다스
리면 된다. 오히려 교리에 무지한 방문객의 눈으로 보아도 독
특한 것은 그 부처님이 우리가 들어가는 방향에서 보면 법당의
왼쪽에 앉아서 오른쪽, 즉 동쪽을 보고 계신 것이다. 부처님이
서쪽에서 동쪽을 보고 계신 것은 의미심장하다. 우리로 하여금
서쪽을 보게 하는 것이다. 결국 우리는 동쪽에서 서방정토를
향해 절을 하게 된다. 그래서 참배하려는 이들은 무량수전에

난 문들 중에서 맨 오른쪽 문으로 들어가야 한다. 석등을 왼쪽에 비껴놓고 자꾸 우리에게 오른쪽으로 가라고 하던 마음을 이제야 얼핏 읽을 수 있다.

처음 부석사를 방문한 사람들은 바로 무량수전으로 들어가지는 않는다. 잠시 마당에서 숨을 고르게 된다. 그러고는 가쁜 숨 속에서 문득 뒤를 돌아본다. 이 순간이다. 이 순간이 부석사에서 가장 중요한 순간이다. 부석사가 지닌 공간 구성의 백미는 이 '문득 뒤돌아봄'에 있다. 가파른 계단을 올라오면서 한번도 짐작하지 못했던 산 아래 풍경을 이때 한순간에 내려다보게 되는 것이다. 발아래에는 지붕들이 새의 날개처럼 펼쳐져 있다. 우리는 그 위로 날아가는 것처럼 사바를 내려다보게 된다. 피안의 모서리로 날아가는 새처럼 아래를 굽어보게 된다. 그것은 깨달음의 통렬함이다. 아제 아제 바라아제 바라승아제.

안양문을 나서 문득 돌아보다.

공간의 드라마는 축을 비튼 것에서 정점을 찍는다. 축을 비튼 이유는 지금까지 설명한 것에서 그치지 않는다. 축을 비틂으로써 무량수전 앞마당의 좌우 대칭은 깨졌다. 동쪽 마당은 물러서고 서쪽 마당이 앞으로 튀어나오니, 우리는 마당의 서쪽 모서리에 서게 된다. 그 모서리 끝에서 우리는 발아래 속세와 그 너머 아득한 저편 세계를 바라본다. 안양문은 위에서 보면 안양루가 된다. 안양루에 앉아서 몇 자 글을 남긴 이들도 있었을 것이다. 그러나 그들도 신발 끈을 풀기 전에 서쪽 모서리에서 망연히 저편을 바라보았을 것이다.

무량수전 앞마당은 비어 있다. 석등 하나만 있다. 그리고 무량수전 옆 동편 언덕 위에 석탑 하나가 있다. 이 석탑은 분분한 해석의 대상이다. 의상 대사가 세운 것은 아니라는 기록이 있으니, 1300년 시간의 어느 마디에 조성된 것이다. 분명 신라 시대일 것이라고 추측을 한다. 그러나 그 위치가 여느 사찰의 석탑들과 달라 많은 이가 서로 다른 이유들을 이야기한다. 어찌 되었건 이 석탑은 멀리 구석에 물러서서 마당을 내려다보고 있다.

부석사는 건축하는 이들에게는 순례지다. 어떤 이는 가을에 좋다고 한다. 어떤 이는 비 오는 날에 좋다고 한다. 그러나 해 지는 저녁 시간을 빼놓을 수 없다. 무량수전 앞마당에서 멀리 굽어보면 소백산맥의 준봉들이 아스라이 보인다. 그 서쪽 모서리에서 해가 질 때까지 있어보자. 시간이 더욱 흘러 해가 점점 낮아지면 서쪽 하늘이 물들면서 우리는 뭔가 범상치 않은

왼쪽) 밤낮의 길이가 같은 날 지는 해.

오른쪽) 다시 문득 뒤를 돌아보나. 세상을 밝히는 석등 너머로 부처님의 몸을 모신 탑이 보인다.

경험을 하게 된다. 해가 지는 위치는 매일 조금씩 바뀐다. 그러다가 자개봉의 정봉 끝으로 해가 지는 날이 있다. 그날이 바로 춘분이다. 당연히 추분일 때도 마찬가지다. 춘분날 저녁에 마당 모서리에 서보라. 그렇다. 뾰족이 솟은 바로 그 봉우리 끝으로 해가 진다. 해가 진 그곳, 서방정토와 자개봉과 세사에 찌들었던 내가 일직선 위에 서는 것이다. 그 순간 다시 뒤를 돌아보라. 석등과 석탑도 바로 그 선 위에 도열해 있음을 깨닫게 된다. 서방정토를 향해 있는 우리의 뒤편에 석가의 현신인 석탑이 나를 물끄러미 바라보고 있는 것이다.

춘추분에 해가 지는 지점은 정확한 서쪽이다. 석탑과 석등이 도열한 선은 정교하게 동서축을 계측하고 있는 것이다. 이제 우리는 부석사에서 공간의 설계가 이룰 수 있는 초월적

극치를 느끼게 된다. 그것은 위대한 음악이다. 서쪽 하늘 가득
히 펼쳐지는 침묵의 음악이다. 선조들의 지적인 세계가 천체를
만나 펴 보이는 위대한 음악이다. 그 음악은 저녁 예불 때 산사
가득 울려 퍼지는 법고 소리처럼 우리 가슴을 두드린다.

  부석사는 경전이다. 공간으로 쓴 경전이다. 그리고 이를
만들어낸 이의 마음의 끝은 후대의 건축가가 근면함만으로는
도저히 좇아갈 수 없는 초월적인 경지인 것이다. 신라의 향가
는 오늘도 노래되리니.

   逸鳥川理叱磧惡希
   郎也持以支如賜烏隱
   心末際叱肹逐內良齊

   일로 나리 조약에
   낭이 지니시던
   마음의 끝을 좇누아져
   – 〈찬기파랑가〉中

맺는말

이야기를 이제 마무리할 때가 되었다.

사람들은 "루오(Georges Rouault, 1871~1958)의 그림은 종교적인 냄새가 풍겨"라고 말한다. "브루크너(Anton Bruckner, 1824~1896)의 음악은 종교적이야" 하고 말하기도 한다. 그러나 대개 건축에서는 "글쎄……"라며 고개를 갸웃한다. 건축은 음악이나 미술처럼 그렇게 관념적인 것이 아니다. 그러나 건축도 분명 인간의 정신을 담아내는 그릇이다. 그 부분은 보려고 하는 이들에게 보인다.

우리는 베토벤의 음악을 들으면서 멜로디만을 듣지 않는다. 그가 마음대로 주물러놓은 구조를 꿰맞추기도 하고 그가 잔뜩 늘어놓은 대위법의 갈래를 찾기도 한다. 그러고는 그의 집요한 음악적 구축에 무릎을 치면서 새로운 발견을 하게 된다. 바로 이때 우리는 19세기 지구의 반대쪽에 살던 베토벤을 만난다. 그가 우리를 위하여 남겨놓은 이야기를 듣기 시작하는 것이다.

우리는 부석사를 오르면서 누군가를 만나게 된다. 지금은

이름조차 남아 있지 않지만 주추를 놓고 기둥을 세운 그를 만나게 된다. 차근차근 계단을 오르는 우리에게 공간으로 펼쳐지는 이야기를 준비해놓은 그 영혼을 만나게 된다. 주위를 잘 둘러보자. 이 귀퉁이와 저 귀퉁이에 가득한 그의 잔잔한 미소를 발견할 수 있다. 우리는 건축가들이 도시 구석구석에 쏟아놓은 땀의 흔적을 발견할 수 있다. 그 흔적을 발견하는 순간 우리는 인사도 한번 나눈 적 없는 건축가의 조용한 이야기를 듣는 것이다.

　건축이 비를 피할 만한 공간을 만들거나, 한 뼘이라도 더 임대할 공간을 짜내는 것이 아니라는 이야기는 전달이 되었을 듯하다. 보험 설계사라는 단어는 존재할지 모르나 건축 설계사라는 말은 틀린 것이다. 건축가, 혹은 건축사가 존재할 뿐이다. 건축가들이 건축 설계사라는 단어를 받아들이기에 거부감을 느끼는 이유는 건물을 만드는 작업이 단순한 기능적인 요구를 만족시키는 것에서 끝나지 않기 때문이다.

보림사의 통일신라 시대 거북이와 쌍봉사의 조선 시대 거북이. 통일신라 시대의 돌은 살아 있는 '거북이'에 이르렀지만 조선 시대의 것은 아직 '돌'에 머물러 있다. 시대가 갖고 있는 미의식의 한계는 석공 혼자의 힘으로는 극복하기 어렵다.

건축은 사회 이데올로기를 표현하게 된다. 이에 따라 건축가들은 자신이 만드는 건물이 그 시대의 정신에 적합한 것인지 성찰한다. 그리고 건물을 통해서 사회를 들여다본다. 건축가들도 사회의 날카로운 비판자로서 한 부분을 차지하고 있는 사람들이다. 우리의 도시를 만들기 위해 건축적인 제안을 하는 이는 건축가들이다. 그러나 이를 받아들이는 이는 시민들이다. 그 환경은 우리가 사는 환경이 아니라 100년 후에 우리의 후손이 살 환경이다. 그러기에 우리가 더 조심스럽고 정성스럽게 만들어나가야 한다.

"저 건물은 멋있는 겁니까?"
이 질문은 잘못된 것이다. 잘못되어 있지 않다면 위험하다. 우선 이 질문의 대답은 질문자 스스로 하여야 하기 때문이다. 자신의 두 눈으로 보아야 한다. 대상의 감상과 판단은 스스로 하여야 한다. 그 판단 기준을 마련하기 위한 밑받침을 지루하게 이 책에서 서술한 것이다. 건축의 화두는 형태에 있는 것이 아니기 때문이다. 그것은 예쁜 건물을 만드는 데 있는 것이 아니다. 기와집을 짓는 데 있는 것도 아니다.

　피카소의 그림은 아름다운가. 〈게르니카〉에는 아름다운 소녀가 들어 있지 않다. 거기에는 거친 호흡과 짓누르는 고통이 들어 있다. 인간에 대한 혐오와 분노가 곳곳에 들어서 있다.

　베토벤의 음악은 아름다운가. 〈합창교향곡〉에는 흥겨운 춤곡이 들어 있지 않다. 숨 쉴 틈 없이 밀어붙이는 힘과 터져나갈 듯한 긴장으로 가득 차 있다. 인류에 대한 신뢰와 찬미가 그 음악이 보내는 메시지다.

　건축의 가치는 멋있다고 표현될 수 있는 것 너머에 있다. 건축은 우리의 가치관을, 우리의 사고 구조를 우리가 사는 방법을 통하여 보여주는 인간 정신의 표현이다.

읽고
나서
읽어두기

현대 건축의 해부

건물의 곳곳에는 무엇을 위해 존재하는지 짐작은 하여도 명쾌히 짚기는 어려운 부분들이 있다. 그 부분들이 무엇에 쓰는 것인지 알아보자.

기둥과 보

기둥은 하중을 받는 수직부재를 일컫는다. 위층의 하중은 바로 기둥에 전달되지 않고 일단 보로 전달된다. 보는 바닥 판, 즉 슬래브가 처지는 것을 막는 역할도 한다. 전통 건축에서는 건물에 방향이 있어 이 수평부재를 보와 도리로 구분한다. 그러나 현대 건축에서는 이를 구분하지 않고 바닥 판을 받치는 수평부재를 모두 보라고 통칭한다.

공조와 기계실

기온의 변화에 따라 난방이나 냉방을 해야 한다. 환기도 해야 하고, 습도도 맞춰야 한다. 건축가들은 이를 공기조화空氣調和, 줄여서 공조라고 부른다. 별도의 기계실, 즉 공조실에서 공기를 적당한 정도로 덥히거나 차게 하여 우리가 생활하는 곳에 그 공기를 주입하는 것을 말한다.

공조실은 각 층에 있을 수도 있고, 두 층마다 하나씩 있을 수도 있고 건물 전체에 하나만 있을 수도 있다. 설계하는 사람이 적당하다고 생각하는 대로 시스템을 만드는 것이다. 공조를 하려면 외부의 신선한 공기가 계속 공조실로 유입되어야 한다. 따라서 신선

이 부재를 '보'라고 부른다.

공조실로 공기를 넣어주는 부분.

한 공기가 유입되는 구멍이 공조실마다 생기게 된다.

기계실에는 많은 열이 발생한다. 보일러가 돌아가기도 한다. 실내에서 발생한 열을 모아서 밖으로 내보내기도 해야 한다. 여기도 찬 공기가 계속 들락거려야 한다. 그래서 건물 외관을 잘 보면 공조실, 기계실이 어디쯤에 있는지 찾아낼 수 있다.

기계실로 공기를 넣어주는 부분.

창문 근처

공기 전달만으로 냉난방을 하는 것은 경제적이지 않다. 그래서 보조 냉난방 도구로 창문 근처에 물을 통해 냉난방을 하는 장치를 놓기도 한다. 실내 공기를 찬물, 혹은 더운물이 통과하는 파이프의 주위로 돌아 나오게 하면 공기가 차게도 덥게도 된다. 팬 코일 유닛fan coil unit으로 불리는 이 장치는 꼭 창문 옆에 배치한다. 실내를 잘 들여다보면 외기에 면하는 부분, 즉 창문 쪽이 가장 덥거나 춥기 때문이다. 그래서 증기난방의 라디에이터도 꼭 창문 옆에 있다.

팬 코일 유닛

천장 속

천장 속에는 우선 바닥 판과 보가 있다. 건물이 서 있기 위해 필요한 뼈대다. 그 아래에는 건물의 내장 기관들이 지나간다. 우선 공조를 하는 건물이라면 공기를 운송하는 길인 덕트duct가 지나간다. 공기는 부피가 커서 덕트의 크기는 보보다 큰 경우가 많다. 그래서 덕트 크기는 건물 높이를 규정하는 아주 중요한 요소 중 하나다. 고층 건물이라면 스프링클러로 물을 운반하는 스프링클러 파이프들도 돌아다닌다. 그 아래로 전기 배선들이 지나가고 조명이 연결된다. 사진에 등장한 건물은 천장 속 내장 기관을 잘 정리한 후 이를 그냥 다 보여주는 디자인 방법을 택했다.

건물의 단면과 입면

건축가들은 대개 천장 속을 보이고 싶어 하지 않는다. 그래서 천장 속이 건물 외피와 만나는 부분에는 대개 불투명한 판을 대곤 하는데 이를 스팬드럴spandrel이라고 한다. 반대로 사람들이 생활하면서 밖을 내다보고 빛도 들어오게 해야 하는 부분은 창window이라고 한다. 그래서 고층 건물을 외부에서 보면 한 층은 대개 두 쪽의 판으로 이루어져 있는 것을 볼 수 있다.

현대 건축에서 창의 처리는 물리적으로 문제다. 건물 내부에 이론적으로 충분한 공조가 이루어진다고 해도 사람들은 창을 열고 싶어 하기 때문이다. 그래서 건축가들은 창을

덕트

스팬드럴
창

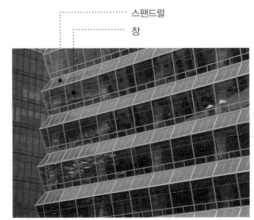

다시 두 개로 나눠서 창 아랫단에 좀 낮은 높이로 열리는 창을 만들어 넣기도 한다.

방풍실

건물 로비에는 회전문이 달려 있는 경우가 많다. 문을 두 겹 만들어놓기도 한다. 이 두 겹문 사이의 공간을 방풍실이라고 한다. 방풍실은 너무 덥거나 찬 외부의 공기가 실내로 들어오는 양을 최소화한다.

방풍실이 없으면 겨울에는 특히 문제가 된다. 고층 건물은 그 자체가 큼직한 굴뚝이기 때문이다. 굴뚝은 아랫부분에는 고기압이, 윗부분에는 저기압이 생기게 하여 공기가 위로 올라가게 하는 도구다. 건물에도 위아래가

훤히 뚫린 곳이 있으니 엘리베이터가 오르내리는 공간이다. 엘리베이터 샤프트라고도 하는 이 공간은 아주 훌륭한 굴뚝 역할을 할 여지가 있다. 겨울에 로비 문이 열려 있다고 하자. 찬 공기, 즉 고기압의 공기가 순식간에 엘리베이터 샤프트로 빨려든다. 그러고는 따뜻하게 덥혀진 위층의 공기, 즉 저기압 쪽으로 상승하게 된다. 그래서 위층에서는 엘리베이터 문이 열리는 순간 찬바람이 엄청나게 밀려든다. 좀 오래되서 방풍실이 없는 고층 건물에서는 엘리베이터 문이 열릴 때마다 찬바람이 들어온다는 불평을 종종 듣게 된다.

계단

건물에 화재가 나면 불길보다는 연기가 더 문제가 된다. 연기는 순식간에 퍼져나가 사람을 질식시키기 때문이다. 그래서 고층 건물의 계단은 연기가 들어가지 않는 구조로 만들도록 법규로 규정되어 있다. 계단 앞에 작은 방을 하나 만들어 여기서 연기를 모두 빼내도록 한다. 계단에는 연기가 들어가지 않더라도 계단 앞을 불길이 막고 있을지도 모른다. 그래서 아주 드문 경우를 제외하고 모든 건물

에는 두 개 이상의 계단을 만들어 넣도록 정하고 있다.

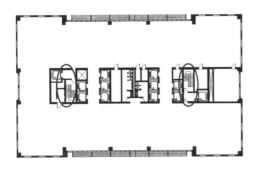

한 층을 단번에 올라가기에는 좀 숨이 가쁘다. 그래서 계단 중간에는 잠깐 숨 쉴 만한 곳이 마련된다. 이를 계단참이라고 한다. 계단의 각 단은 수평면과 수직면으로 이루어

지는데 발이 닿는 수평면을 디딤판, 올라가는 수직면을 챌판이라고 부른다. 디딤판과 챌판의 크기 역시 법규로 규정하여 계단이 지나치게 급해지지 않도록 한다.

엘리베이터

이 사실만은 똑 부러지게 이야기할 수 있다. 엘리베이터가 없었으면 오늘날의 고층 건물도 없었을 것이라고. 사람이 타도 될 만큼 안전한 엘리베이터가 처음 선을 보인 것은 1854년 뉴욕의 만국박람회에서였다. 발명자 오티스(Elisha Graves Otis, 1811~1861)가 설립한 회사는 세계 굴지의 엘리베이터 회사로 여전히 이름을 날리고 있다.

고층 건물에서는 한 대의 엘리베이터만

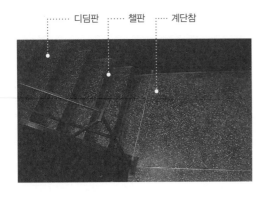

·······디딤판 ·······챌판 ·······계단참

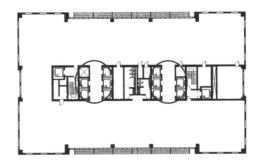

으로 그 많은 사람을 실어 나를 수 없다. 로비에서 기다리는 사람들의 대기 시간, 목적지까지의 이동 시간을 최소화해야 하는 조건을 우선 만족시켜야 한다. 그렇다고 무작정 많은 엘리베이터를 놓을 수도 없다.

엘리베이터는 당연히 건물의 위아래를 관통해야 하는데, 엘리베이터 한 대가 차지하는 면적을 층마다 합치면 만만치 않기 때문이다. 게다가 이쪽 끝에서 기다리고 있는데 문이 열린 엘리베이터가 저쪽 끝의 것이라면 거기까지 뛰어가야 하는 이의 심기가 불편할 수밖에 없다.

고층 건물의 설계에서 엘리베이터 대수 산정은 경험적 추론과 정교한 계산을 통해 이루어진다. 엘리베이터의 속도, 용량, 문이 열리는 시간 등 대단히 많은 변수가 서로 영향을 주고받기 때문에 요즘은 컴퓨터 시뮬레이션 없이 그 결과를 만들지 않는다.

비상용 엘리베이터

소방관들은 좀 다른 시각으로 건물을 본다. 저 건물에 소방차의 고가 사다리가 닿을 수 있을까 하고 가늠한다. 요즘 짓는 고층 건물의 키는 워낙 커졌다. 이런 건물의 윗부분에 불이 나면 소방차의 고가 사다리는 별 도움이 되지 않는다. 다른 방법을 찾아야 한다. 그래서 키가 큰 건물에는 별도의 장치가 필요하다.

우선 스프링클러를 설치해야 한다. 그리고 달려온 소방관들이 활약할 방법을 제공하여야 한다. 소방관은 불이 난 지점까지 올라갈 수 있어야 한다. 일반 엘리베이터는 연기를 퍼뜨리는 역할을 할 수도 있으므로 화재 시에는 절대 이용하면 안 된다.

그렇다고 소방관에게 계단으로 걸어 올라가라고 할 수도 없다. 그래서 고층 건물에는 연기가 들어올 수 없는 구조를 갖춘 엘리베이터를 만들어놓도록 법규로 정하고 있다.

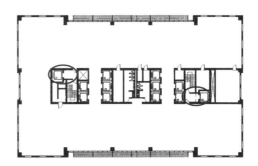

이 엘리베이터에는 계단의 경우처럼 연기를 제거하는 방이 딸려 있다. 소방관은 비상용 엘리베이터로 화재가 난 곳까지 올라가서는 그 층에 연결된 소화전에서 호스를 꺼내 들고 진화 작업을 시작한다.

연결송수구

거리를 걷다 보면 고층 건물 언저리에 연결송수구라는 이름으로 둥그런 파이프가 입을 벌리고 있는 것을 볼 수 있다. 이것은 물이 나오는 구멍이 아니라 들어가는 구멍이다.

건물에 화재가 나면 스프링클러도 작동하고 소화전의 호스도 사용하면서 많은 양의 물이 필요해진다. 물론 건물 저수조에는 필요한 양의 물이 마련되어 있다. 그러나 화재가 크면 이 물이 부족할지도 모른다. 그래서 소방관들은 물을 실은 소방차를 몰고 와서는 이 구멍을 통하여 건물에 물을 보충하는 것이다.

전통 건축의 분류

고찰에 있는 국보나 보물 등의 문화재급 건축물 앞에는 비교적 생소하고 알기 어려운 단어들이 안내판에 등장하곤 한다. 사실 거기 쓰인 단어의 종류는 많지 않다. 찾아보자.

지붕의 모양

지붕은 전통 건축의 형태를 규정하는 가장 중요한 요소다. 그 모양에 따라 다음과 같이 분류된다.

팔작지붕

전통 건축의 지붕 가운데 가장 대표적인 것으로, 가장 날렵하게 보이는 지붕임에 틀림없다. 지붕의 옆면에 생기는 삼각형을 합각면, 혹은 박공이라고 부른다.

맞배지붕

두 개의 기와지붕면으로 만든 지붕이다. 조선 초기 이후에는 박공에 풍판을 붙여서 내부의 구조체를 가린 예도 많다.

우진각지붕

네 개의 기와지붕면으로 만든 지붕이다.

모임지붕

지붕면들의 크기가 같다. 비각이나 정자 같은 작은 건물에 쓰인다. 사각형의 모임지붕은 사모지붕이라고도 부른다.

주심포식

기둥 위에만 공포가 올라가 있는 형식이다. 지금 남아 있는 전통 목조 건물들의 초기 형식이다.

공포(포작)

지붕의 하중을 기둥에 안전하게 전달하기 위해 짜 얹은 부재의 모임을 일컫는다. 첨차와 소로로 이루어져 있다. 이 공포의 구성과 기둥의 관계에 따라 건물을 분류하기도 한다.

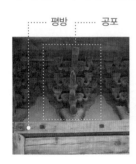
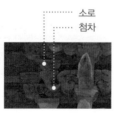

다포식

기둥과 기둥 사이의 수평부재, 즉 평방이라고 불리는 부재 위에도 공포가 올라가는 형식이다. 고려 말기부터 등장한다.

사진제공 | 양상현

기둥의 모양

가장 간단한 모양의 기둥은 단순한 각기둥이나 원기둥이다. 그러나 건물의 의미가 중요할 경우 기둥 모양에 변화를 주기도 한다.

배흘림

기둥을 불룩하게 만드는 방법이다. 기둥을 삼등분해서 아래쪽 3분의 1 지점을 불룩하게 하는 예가 가장 많다.

민흘림

기둥을 아래로 갈수록 굵게 만드는 방법이다.

보와 도리

전통 건물의 평면은 대개 직사각형이며 지붕도 이에 따라 방향성을 가진다. 기둥 상부에서 기둥과 기둥을 연결하면서 지붕의 무게를 받치는 수평부재들은 방향에 따라 도리와 보로 불린다.

도리

긴 변 방향으로 놓인 부재를 일컫는다.

보梁

짧은 변 방향으로 놓인 부재를 일컫는다.

도리
보

실내에 드러난 보. 양상군자梁上君子는 바로 이 위에 앉아 주인이 잠들기를 기다렸을 것이다.

출연한 건물들

(옛) 갤러리 빙

건축가	김원
설계사무소	광장건축
위치	서울시 용산구 회나무로44길 10(이태원동)
건물크기	지상 3층 지하 2층
준공연도	1990
출연한 페이지	219

(옛) 공간 사옥

건축가	김수근
설계사무소	공간건축
위치	서울시 종로구 율곡로 83(원서동)
건물크기	지상 5층 지하 1층
준공연도	1977
출연한 페이지	184

경동교회

건축가	김수근
설계사무소	공간건축
위치	서울시 중구 장충단로 204(장충동 1가)
건물크기	지상 2층 지하 2층
준공연도	1981
출연한 페이지	51, 121, 184

교보강남타워

건축가	Mario Botta
설계사무소	창조건축
위치	서울시 서초구 강남대로 465(서초동)
건물크기	지상 25층 지하 8층
준공연도	2003
출연한 페이지	81, 121

계성원

건축가	김태수
설계사무소	Tai Soo Kim Partners
위치	충청남도 천안시 동남구 태조산길 267-113(유량동)
건물크기	지상 7층 지하 4층
준공연도	1988
출연한 페이지	64, 65

교보생명 사옥

건축가	Cesar Pelli
설계사무소	엄이건축
위치	서울시 종로구 종로 1(종로 1가)
건물크기	지상 22층 지하 3층
준공연도	1983
출연한 페이지	74, 101, 129, 214, 215

국립민속박물관

건축가	강봉진
설계사무소	국보건설단
위치	서울시 종로구 삼청로 37(세종로)
건물크기	지상 3층 지하 1층
준공연도	1968
출연한 페이지	246, 247

국립현대미술관

건축가	김태수+김인석
설계사무소	Tai Soo Kim Partners+일건건축
위치	경기도 과천시 광명로 313(막계동)
건물크기	지상 2층 지하 1층
준공연도	1986
출연한 페이지	247, 256~265

국립현대미술관 서울관

건축가	민현준
설계사무소	MP_art+시아플랜
위치	서울시 종로구 삼청로 30(소격동)
건물크기	지상 3층 지하 3층
준공연도	2013
출연한 페이지	90

국회의사당

건축가	김정수+이광노+안영배
위치	서울시 영등포구 의사당대로 1(여의도동)
건물크기	지상 6층 지하 2층
준공연도	1981
출연한 페이지	223, 244

그랜드 하얏트 호텔

건축가	송민구
설계사무소	Fujita Corporation
위치	서울시 용산구 소월로 322(한남동)
건물크기	지상 18층 지하 2층
준공연도	1978
출연한 페이지	219

그랜드 힐튼 호텔

건축가	김종성
설계사무소	서울건축+W.B.T.L
위치	서울시 서대문구 연희로 353(홍은동)
건물크기	지상 12층 지하 3층
준공연도	1988
출연한 페이지	192

기업은행 본점

건축가	김중업
설계사무소	김중업건축
위치	서울시 중구 을지로 79(을지로 2가)
건물크기	지상 20층 지하 5층
준공연도	1988
출연한 페이지	69

(옛) 대한의원 본관

설계사무소	탁지부건축소
위치	서울시 종로구 대학로 103(연건동)
건물크기	지상 2층
준공연도	1908
출연한 페이지	218~219

김옥길 기념관

건축가	김인철
설계사무소	아르키움
위치	서울시 서대문구 연대동문길 47-6(대신동)
건물크기	지상 2층 지하 1층
준공연도	1998
출연한 페이지	196

독립기념관 겨레의 집

건축가	김기웅
설계사무소	삼정건축
위치	충청남도 천안시 동남구 목천읍 삼방로 95
건물크기	지상 4층 지하 1층
준공연도	1987
출연한 페이지	245

대학로문화공간

건축가	승효상
설계사무소	이로재건축
위치	서울시 종로구 대학로8가길 85(동숭동)
건물크기	지상 6층 지하 4층
준공연도	1996
출연한 페이지	196

두산빌딩

건축가	방의재
설계사무소	우일건축
위치	서울시 강남구 언주로 726(논현동)
건물크기	지상 20층 지하 4층
준공연도	1986
출연한 페이지	168

마산 양덕성당

건축가	김수근
설계사무소	공간건축
위치	경상남도 창원시 마산회원구 양덕옛2길 128(양덕동)
건물크기	지상 3층 지하 1층
준공연도	1979
출연한 페이지	51, 121

명보아트홀

건축가	김석철
설계사무소	아키반건축
위치	서울시 중구 마른내로 47(초동)
건물크기	지상 7층 지하 4층
준공연도	1994
출연한 페이지	147

마포타워

설계사무소	예건축
위치	서울시 마포구 마포대로4다길 41(마포동)
건물크기	지상 16층 지하 3층
준공연도	1988
출연한 페이지	79

문추헌

건축가	서현
설계사무소	saltworkshop
위치	충청북도 충주시 엄정면
건물크기	지상 1층
준공연도	2013
출연한 페이지	104

명동성당

건축가	Eugene Jean Georges Coste
위치	서울시 중구 명동길 74(명동 2가)
건물크기	지상 2층
준공연도	1898
출연한 페이지	100

밀레니엄 서울 힐튼 호텔

건축가	김종성
설계사무소	서울건축
위치	서울시 중구 소월로 50(남대문로 5가)
건물크기	지상 23층 지하 2층
준공연도	1983
출연한 페이지	70

부띠크 모나코

건축가	조민석
설계사무소	매스스터디즈
위치	서울시 서초구 서초대로 397(서초동)
건물크기	지상 27층 지하 5층
준공연도	2008
출연한 페이지	165~166

삼일빌딩

건축가	김중업
설계사무소	김중업건축
위치	서울시 종로구 청계천로 85(관철동)
건물크기	지상 31층 지하 2층
준공연도	1970
출연한 페이지	58

삼성생명 사옥

설계사무소	Ellerbe Becket+삼우설계
위치	서울시 중구 세종대로 55(태평로 2가)
건물크기	지상 25층 지하 5층
준공연도	1984
출연한 페이지	73

샘터 사옥

건축가	김수근
설계사무소	공간건축
위치	서울시 종로구 대학로 116(동숭동)
건물크기	지상 4층 지하 1층
준공연도	1979
출연한 페이지	117~118, 120, 214

삼성플라자

설계사무소	KPF+삼우설계
위치	서울시 중구 세종대로 55(태평로 2가)
건물크기	지상 2층 지하 2층
준공연도	1999
출연한 페이지	63~64, 179

샛강다리

건축가	박선우
설계사무소	석탑엔지니어링
위치	서울시 영등포구 여의동로 48(여의도동)
준공연도	2011
출연한 페이지	160~161

서강대학교 본관

건축가	김중업
설계사무소	김중업건축
위치	서울시 마포구 백범로 35(신수동)
건물크기	지상 5층
준공연도	1959
출연한 페이지	197

서울대학교 박물관

건축가	김종성
설계사무소	서울건축
위치	서울시 관악구 관악로 1(신림동)
건물크기	지상 2층 지하 1층
준공연도	1994
출연한 페이지	128

서울대학교 미술관

건축가	Rem Koolhaas
설계사무소	삼우건축
위치	서울시 관악구 관악로 1(신림동)
건물크기	지상 3층 지하 3층
준공연도	2006
출연한 페이지	266~273

서울대학교 병원

건축가	이광로
위치	서울시 종로구 대학로 101(연건동)
건물크기	지상 13층 지하 1층
준공연도	1981
출연한 페이지	218~219

서울대학교 미술대학 예술관

건축가	김수근+김남현
설계사무소	공간건축
위치	서울시 관악구 관악로 1(신림동)
건물크기	지상 3층 지하 1층
준공연도	1975
출연한 페이지	200~201

서울 월드컵 경기장

건축가	류춘수
설계사무소	이공건축
위치	서울시 마포구 월드컵로 240(성산동)
건물크기	지상 6층 지하 1층
준공연도	2001
출연한 페이지	167

선유도 공원

건축가	조성룡+정영선
설계사무소	도시건축+서안조경
위치	서울시 영등포구 선유로 343(당산동)
준공연도	2002
출연한 페이지	206

아르코 미술관

건축가	김수근
설계사무소	공간건축
위치	서울시 종로구 동숭길 3(동숭동)
건물크기	지상 3층 지하 1층
준공연도	1979
출연한 페이지	117~119

세종문화회관

건축가	엄덕문+전동훈
설계사무소	엄이건축
위치	서울시 종로구 세종대로 175(세종로)
건물크기	지상 6층 지하 3층
준공연도	1978
출연한 페이지	38~39, 82

아르코 예술극장

건축가	김수근+이범재
설계사무소	공간건축
위치	서울시 종로구 대학로10길 17(동숭동)
건물크기	지상 3층 지하 1층
준공연도	1979
출연한 페이지	44, 117~118

쌈지길

건축가	최문규
설계사무소	가아건축
위치	서울시 종로구 인사동길 44(관훈동)
건물크기	지상 4층 지하 2층
준공연도	2004
출연한 페이지	298~305

아산정책연구원

건축가	유걸
설계사무소	아이아크
위치	서울시 종로구 경희궁1가길 11(신문로 2가)
건물크기	지상 3층 지하 3층
준공연도	2009
출연한 페이지	177

아시아출판문화정보센터

건축가	김병윤
설계사무소	시명건축
위치	경기도 파주시 회동길 145(문발동)
건물크기	지상 4층 지하 1층
준공연도	2004
출연한 페이지	205

여수 애양원 성산교회

위치	전남 여수시 율촌면 산돌길 42
건물크기	지상 2층
준공연도	1928
출연한 페이지	134

연세대학교 루스채플

건축가	김석재
설계사무소	알파 · 오메가건축
위치	서울시 서대문구 연세로 50(신촌동)
건물크기	지상 1층 지하 1층
준공연도	1974
출연한 페이지	87

올림픽스포츠센터

건축가	강기세+박영건
설계사무소	범건축
위치	경기도 성남시 분당구 중앙공원로 35(서현동)
건물크기	지상 5층 지하 3층
준공연도	1996
출연한 페이지	170

웰콤시티 사옥

건축가	승효상
설계사무소	이로재
위치	서울시 중구 동호로 272(장충동 2가)
건물크기	지상 5층 지하 1층
준공연도	2000
출연한 페이지	75

이화여자대학교 중앙도서관

건축가	권조웅+최태용
설계사무소	정림건축
위치	서울시 서대문구 이화여대길 52(대현동)
건물크기	지상 5층 지하 2층
준공연도	1984
출연한 페이지	134

자유센터

건축가	김수근
설계사무소	공간건축
위치	서울시 중구 장충단로 72(장충동 2가)
건물크기	지상 5층
준공연도	1964
출연한 페이지	79~80

정부중앙청사

설계사무소	PA&E
위치	서울시 종로구 세종대로 209(세종로)
건물크기	지상 22층 지하 3층
준공연도	1970
출연한 페이지	76

전국경제인연합회관

건축가	Adrian Smith
설계사무소	창조건축
위치	서울시 영등포구 여의대로 24(여의도동)
건물크기	지상 50층 지하 6층
준공연도	2014
출연한 페이지	326

주한 프랑스 대사관

건축가	김중업
설계사무소	김중업건축
위치	서울시 서대문구 서소문로 43-12(합동)
건물크기	지상 4층
준공연도	1962
출연한 페이지	87

전쟁기념관

건축가	이성관+곽홍길
설계사무소	한울건축+건원건축
위치	서울시 용산구 이태원로 29(용산동 1가)
건물크기	지상 4층 지하 2층
준공연도	1994
출연한 페이지	129

코오롱 사옥

건축가	지순+김자호+김광만
설계사무소	간삼건축
위치	경기도 과천시 코오롱로 11(별양동)
건물크기	지상 18층 지하 5층
준공연도	1997
출연한 페이지	145, 178

파라다이스 사옥

건축가	이원표
설계사무소	은산건축
위치	서울시 중구 동호로 268(장충동 2가)
건물크기	지상 5층 지하 1층
준공연도	1986
출연한 페이지	72

포스코 P&S 타워

설계사무소	KPF+Pos A.C.
위치	서울시 강남구 테헤란로 134(역삼동)
건물크기	지상 27층 지하 6층
준공연도	2003
출연한 페이지	69

평화의 문

건축가	김중업
설계사무소	김중업건축
위치	서울특별시 송파구 올림픽로 424(방이동)
준공연도	1988
출연한 페이지	42~43

플라토

건축가	Kevin Kennon
설계사무소	KPF+삼우설계
위치	서울시 중구 세종대로 55(태평로 2가)
건물크기	지상 1층
준공연도	1999
출연한 페이지	290~297

포스코센터

설계사무소	간삼건축+Pos A.C.
위치	서울시 강남구 테헤란로 440(대치동)
건물크기	지상 30층 지하 6층
준공연도	1995
출연한 페이지	282~289

한국씨티은행 사옥

건축가	박춘명
설계사무소	예건축
위치	서울시 종로구 새문안로 50(신문로 2가)
건물크기	지상 16층 지하 3층
준공연도	1987
출연한 페이지	233

한국은행 화폐박물관

건축가	다쓰노 깅고辰野金吾
위치	서울시 중구 남대문로 39(남대문로 3가)
건물크기	지상 3층 지하 1층
준공연도	1909
출연한 페이지	233

해심헌

건축가	서현
설계사무소	포럼1 담건축
위치	제주도 제주시 신설동길 45-13(이도이동)
건물크기	지상 3층
준공연도	2007
출연한 페이지	202~203

한국종합무역센터 사무동

설계사무소	니켄세케이+원도시건축+정림건축
위치	서울시 강남구 영동대로 513(삼성동)
건물크기	지상 54층 지하 2층
준공연도	1988
출연한 페이지	73

현대해상화재보험 광화문 사옥

건축가	박승홍
설계사무소	정림건축
위치	서울시 종로구 세종대로 178(세종로)
건물크기	지상 18층 지하 4층
준공연도	2004
출연한 페이지	42

한국종합무역센터 전시장

설계사무소	SOM+ASEM+KWTC Design Consortium
위치	서울시 강남구 영동대로 513(삼성동)
건물크기	지상 5층
준공연도	2000
출연한 페이지	101

형원빌딩

건축가	조건영
설계사무소	기산건축
위치	서울시 종로구 대학로 132(동숭동)
건물크기	지상 5층 지하 3층
준공연도	1989
출연한 페이지	165~166

환기미술관

건축가	우규승
설계사무소	Kyu Sung Woo Architect
위치	서울시 종로구 자하문로40길 63(부암동)
건물크기	지상 2층 지하 1층
준공연도	1994
출연한 페이지	129

LG 트윈타워

설계사무소	SOM+창조건축
위치	서울시 영등포구 여의대로 128(여의도동)
건물크기	지상 34층 지하 3층
준공연도	1987
출연한 페이지	36~37

황새바위 순교성지 순교탑

건축가	김원
설계사무소	광장건축
위치	충청남도 공주시 왕릉로 118(금성동)
건물크기	지상 1층
준공연도	1984
출연한 페이지	180

LS 용산타워

설계사무소	CRS+동해건축
위치	서울시 용산구 한강대로 92(한강로 2가)
건물크기	지상 28층 지하 4층
준공연도	1984
출연한 페이지	107~108

ECC

건축가	Dominique Perrault
설계사무소	범건축
위치	서울시 서대문구 이화여대길 52(대현동)
건물크기	지하 6층
준공연도	2008
출연한 페이지	274~281

OPUS 11 빌딩

건축가	이상수
설계사무소	선진엔지니어링
위치	서울시 중구 을지로 50(을지로 2가)
건물크기	지상 20층 지하 4층
준공연도	1986
출연한 페이지	213

찾아보기

건축, 음악처럼 듣고 미술처럼 보다
인문적 건축이야기

1판 1쇄 발행 | 1998년 7월 25일
2판 1쇄 발행 | 2004년 10월 10일
3판 1쇄 발행 | 2014년 3월 20일
3판 12쇄 발행 | 2024년 11월 30일

지은이 서현
펴낸이 송영만
디자인 자문 최웅림

펴낸곳 효형출판
출판등록 1994년 9월 16일 제406-2003-031호
주소 10881 경기도 파주시 회동길 125-11(파주출판도시)
전자우편 info@hyohyung.co.kr
홈페이지 www.hyohyung.co.kr
전화 031 955 7600 | **팩스** 031 955 7610

ⓒ 서현, 1998, 2004, 2014
ISBN 978-89-5872-126-0 03540

값 18,000원

이 도서의 국립중앙도서관 출판시도서목록(CIP)은 서지정보유통지원시스템 홈페이지
(http://seoji.nl.go.kr)와 국가자료공동목록시스템(http://www.nl.go.kr/kolisnet)에서
이용하실 수 있습니다.(CIP제어번호: CIP2014007352)